DIANJI YINGYONG YU PLC KONGZHI
XIANGMU SHILI

电机应用与PLC控制项目实例

王旭元 著

化学工业出版社

·北京·

内 容 简 介

本书结合实际应用案例讲解，以自动化改造控制项目设计为主线，将电机基本应用电路、变频器与传感器、电机和 PLC 工业控制工程实践项目结合，讲述了电动机应用与 PLC 控制基础、变频器与仪表传感器、控制点数统计、PLC 项目控制柜硬件选型与配置、PLC 项目模块接线、PLC 项目编程及上位机控制、仿真教学系统等内容。

本书基于作者多年的工程实践和教学工作经验编写，融基本知识传授与工控自动化项目开发实践于一体，可供相关工程技术人员参考，也可供高职高专院校、普通高等学校机电等专业学生和老师使用。

图书在版编目（CIP）数据

电机应用与 PLC 控制项目实例/王旭元著.—北京：化学工业出版社，2022.6（2023.11重印）

ISBN 978-7-122-41770-1

Ⅰ.①电⋯　Ⅱ.①王⋯　Ⅲ.①电机②PLC 技术　Ⅳ.①TM3②TM571.61

中国版本图书馆 CIP 数据核字（2022）第 111827 号

责任编辑：韩庆利

责任校对：李雨晴　　　　　　　　　　　　　　装帧设计：刘丽华

出版发行：化学工业出版社（北京市东城区青年湖南街 13 号　邮政编码 100011）

印　　装：北京科印技术咨询服务有限公司数码印刷分部

787mm×1092mm　1/16　印张 $10\frac{1}{4}$　字数 207 千字　2023 年 11 月北京第 1 版第 2 次印刷

购书咨询：010-64518888　　　　　　　　　　售后服务：010-64518899

网　　址：http://www.cip.com.cn

凡购买本书，如有缺损质量问题，本社销售中心负责调换。

定　　价：69.00 元　　　　　　　　　　　　　　版权所有　违者必究

电机在我们的生产和生活中应用广泛，在国民经济的各个领域、各种设备和系统运行中，大多数依靠电机拖动，我们所使用的电能绝大部分也由发电机产生，通过输配电线路以及变压器供给用户。电机设备的应用几乎触及我们周围的各个角落。在生产应用中，小型电机控制系统可以采用简单的常用电机控制电路，控制要求较复杂或自动化程度较高时常采用 PLC 控制系统。

变频器是电机调速使用广泛的设备，传感器是工程现场参数采集的关键部件。变频器与传感器是大型 PLC 控制系统中不可或缺的部分。

PLC 作为自动化领域的控制器，凭借其性能稳定、适应性强、扩展方便、易于操作维护等特性，广泛应用在电机控制系统中。在电动机远程和就地启停、运行与故障反馈、变频控制，软启动控制，电动阀开启或关闭，开到位、关到位等数字量输入反馈和输出控制方面，以及温度、压力、流量、液位等传感器模拟量数据采集方面，采用 PLC 控制，可以实现各种工艺流程的控制、联锁和报警等，并可借助交换机等构成网络系统，通过上位机人机界面实现参数设定、远程控制和状态监测等，根据现场需求，更改和调试 PLC 程序和上位机参数，提高工业生产的自动化程度和对现场及工艺的灵活适应性。

本书共分 8 章，主要内容有：第 1 章概述，第 2 章电机应用与 PLC 控制基础，第 3 章变频器与仪表传感器，第 4 章控制点数统计，第 5 章 PLC 项目控制柜硬件选型与配置，第 6 章 PLC 项目模块接线，第 7 章 PLC 项目编程及上位机控制，第 8 章仿真教学系统。

本书基于作者多年的工程实践和教学工作经验，以电机与 PLC 的生产应用实例为主线，将电机基本应用电路、变频器与传感器、电机和 PLC 工业控制工程实践项目结合，融基本知识传授与工控自动化项目开发实践于一体，希望本书能够为相关工程技术人员提供切实实用的内容，本书也可供高职高专院校机电一体化等专业学生和老师参考使用。

本书由王旭元著。由于水平有限，不妥之处恳请读者和同行批评指正。

著者

目 录

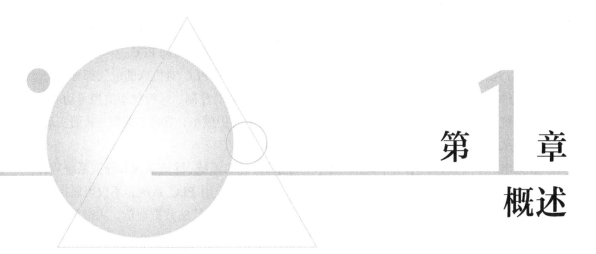

第1章

概述

随着科学技术的发展，电机在现代社会各个行业中占据着越来越重要的地位，在国民经济的各个领域，从各行各业的系统设备，到各种家庭使用的电器，都有各种电机发挥着重要的能量转换、动力传动和控制等作用。

例如，在电力行业，电机是发电厂和变电站的主要设备。电厂利用发电机将机械能转换为电能，然后电能再进行传输和分配。此外，发电厂的多种辅助设备，如给水泵、鼓风机、调速器、传送带等，都需要电动机驱动。

在制造业中，电机的应用也非常广泛。各类工作机床，尤其是数控机床，都需由一台或多台不同容量和型式的电机来拖动和控制。各种专用机械，如纺织机、造纸机、印刷机等也都需要电机来驱动。一个现代化的大中型企业，通常要装备大量不同类型的电机。

在食品加工设备和生产线上，采用许多中小功率电机，用于物料加工、包装和输送，并经常采用 PLC 和伺服控制。

在冶金行业中，高炉、转炉和平炉都需由电机来控制，大型轧钢机常由数千乃至数万千瓦的电机拖动。近代冶金工业，尤其是大型钢铁联合企业，电气化和自动化程度非常高，所用电机的数量和型式都非常多。

在石油和天然气的钻探及加压泵送过程中，在煤炭的开采和输送过程中，在化学提炼和加工设备中，在电气化铁路和城市交通以及作为现代化高速交通工具之一的磁悬浮列车中，在建筑、医药行业，在供水和排灌系统中，在航空、航天领域，在制导、跟踪、定位等自动控制系统等国防高科技领域，在加速器等高能物理研究领域，在伺服传动、机器人传动和自动化控制领域，在电动工具、电动玩具、家用电器、办公自动化设备和计算机外部设备中，都有电机应用。总之，在一切工农业生产、国防、文教、科技领域以及人们的日常生活中，电机的应用越来越广泛。

在大型的电机应用系统中，PLC 成为其中必不可少的控制设备。PLC，即可编程控制器，凭借其性能稳定、适应性强、扩展方便、易于操作维护等卓越的特性，逐步取代了继电器-接触器控制系统，广泛应用在电机控制的各个领域。在冶金、机械、化工、轻工、食品等行业，几乎都用到 PLC。不仅工业生产使用 PLC，一些非工业过程，如楼宇自动化、电梯控制也用到它。农业的大棚环境参数调控，水利灌溉也用到 PLC。

例如，在工业企业中，为了提高其自动化的程度，可用 PLC 对机床的电气部分进行软件和硬件的改造。利用 PLC 系统进行编程控制，实现实时控制、运行状态监控等功能，在提高系统运行的稳定性和效率的同时，还降低了日常维护成本，节约了能源，从而实现机床设备从传统的电气控制向逻辑控制和数字控制的转变。

在火电厂中有许多的辅助系统，包括水处理系统、输煤系统、除渣系统和除灰系统等，这些系统的工艺流程需要大量的顺序控制和开关量控制。应用 PLC 系统，不仅可以控制某一系统的某个工艺流程，而且可以通过其通信模块，实现全厂的数据通信，从而掌握各辅助系统的运行情况，协调全厂的生产。

通过选择合适型号的 PLC，编制可行的控制程序，就能实现变电所中多台断路器的控制及信号显示功能，从而大大减少维护和检修的工作量。PLC 控制系统不仅能完成备用电源自投的操作，且能考虑系统运行情况以及其他操作要求，同时系统本身具有很强的抗干扰能力，并具有可靠性高、接线简单、调试操作方便以及成本低等优点。

此外，PLC 在污水处理、高层供水、中央空调控制、热力公司锅炉与脱硫系统控制中应用也比较广泛。PLC 在电机控制与自动化方面发挥了相当重要的作用。在电机启停、运行与故障反馈、变频控制，软启动控制，电动阀的开关，开到位、关到位反馈，温度、压力、流量等的数据采集等方面，采用 PLC 控制，提高了工业生产的自动化程度，通过人机界面实现了远程控制和状态监测。

本书用实际案例讲解，这里介绍一个典型的电机与 PLC 工程实践应用项目：某热力车间 PLC 改造项目。

某热力车间供热面积 $2 \times 10^6 m^2$，最大热负荷 100MW。电气控制系统使用年限已久，过去靠现场人员手动控制，存在人员触电安全隐患和电气火灾隐患，且有增容需求，需进行安全与自动化升级改造。为满足区域供热，车间内设有 29MW 链条热水锅炉 3 台，58MW 链条热水锅炉 2 台。在冬季供暖最冷时，同时启动 2 台 58MW 链条热水锅炉。本区域冬季室外设计供暖温度为零下 19℃，室内设计温度为 20℃。由于热负荷随室外温度的变化而变化，为满足热负荷的需要，同时满足锅炉运行节能要求，本设计优先锅炉台数控制，保证每台锅炉满负荷运行。由于负荷的变化无法保证锅炉长时间在满负荷条件下运行，故每台锅炉的设备电机设置变频器，根据频率的变化调节控制各设备的运行参数，以达到锅炉高效节能运行的要求。

经现场调研，每平方米供暖年耗煤量约 60kg，每平方米供暖年耗电量约 6kW·h，此指标远高出周边供热单位能耗指标。根据负荷变化要求，调整锅炉给煤量。为保障锅炉安全运行，炉排减速机及出渣机恒速运行。根据给煤量的变化，调节鼓风机及引风机风量，风量调节采用鼓、引风机电机变频控制。锅炉循环水泵，根据系统末端压差，采用变频控制，为恒压差控制方式。同时，循环水泵循环水量应保证锅炉安全运行最低循环水量要求。

系统补水接入热力系统循环水泵入口处，补水泵采用变频控制，补水点压力恒定。系统循环水泵及补水泵均设有备用。锅炉本体设置安全阀，采用重力式安全阀，超压后自行开启。当锅炉本体超压后，设置自动报警警铃。锅炉本体进出口温度和压力均设置传感器，并设置超压超温报警装置。炉膛温度由热电偶传感器采集并显示。各水箱均设有液位传感器。系统补水设置泄压电磁阀，因系统加热水体膨胀系统会超压，系统电磁阀自动开启，泄水至软化水箱，达到设定压力下限，电磁阀自动关闭。锅炉耗煤量靠皮带秤计量。锅炉出口设置热计量装置。根据室外温度变化可自动计算出锅炉用煤量。检测脱硫塔进出口 SO_2、氮氧化物和颗粒物粉尘浓度。

　　车间控制系统包括公用水循环系统、上煤系统、鼓风引风和排渣系统。根据热力车间的运行过程以及工艺控制要求，对控制系统的硬件选型，设计 PLC 与上位机组成的锅炉自控系统，提高现场运行安全性，提高锅炉的运行效率，减轻工作人员劳动强度，改善工作环境，实现节能减排与自动化升级。

第 **2** 章
电机应用与PLC控制基础

在电机应用与 PLC 工程项目实践中，一些电机常用控制和 PLC 常用控制程序是项目实践的基础。本章介绍电机与 PLC 改造项目中涉及的一些基本应用。

2.1 电动机应用基础

把电能转换成机械能的设备叫做电动机。

（1）电动机按工作电源类型可分为：直流电动机和交流电动机，其中交流电动机可分为单相交流电动机和三相交流电动机。

（2）交流电动机按结构及工作原理可分为：异步电动机和同步电动机。

（3）电动机按用途可分为：驱动用电动机和控制用电动机。

在工业生产中，交流电动机用途广泛，特别是三相异步电动机，具有结构简单、坚固耐用、运行可靠、价格低廉、维护方便等优点，广泛用于驱动鼓风机、引风机、水泵、各种金属切削机床、起重机、锻压机、传送带等。

2.1.1 三相异步电动机的分类

三相异步电动机的分类主要有以下几种：

（1）按三相异步电动机的转子结构形式，可分为笼型电动机和绕线式电动机。

（2）按三相异步电动机的防护形式，可分为开启式（IP11）三相异步电动机、防护式三相异步电动机（IP22 及 IP23）、封闭式三相异步电动机（IP44）、防爆式三相异步电动机。

（3）按三相异步电动机的安装结构形式，可分为卧式三相异步电动机、立式三相异步电动机、带底脚三相异步电动机、带凸缘三相异步电动机。

（4）按三相异步电动机的绝缘等级，可分为 E 级、B 级、F 级、H 级三相异步电动机。

（5）按工作定额，可分为连续三相异步电动机、断续三相异步电动机、间歇三相异步电动机。

2.1.2　三相异步电动机的结构

本章以三相异步电动机为例，介绍电动机的结构和原理。

三相异步电动机由定子、转子两大部分组成，定子、转子之间有一个很小的气隙。

定子由机座、定子铁芯和定子绕组几部分构成。机座上设有接线盒，用以连接绕组引线和接入电源。定子铁芯由硅钢片叠成，压装于机座内。在铁芯各槽内再嵌入定子绕组，即制成电动机定子。图 2-1~图 2-3 所示为三相交流异步电动机定子结构。

图 2-1　三相异步电动机定子及绕制好的线圈

图 2-2　小型三相异步电动机定子　　　图 2-3　大型三相异步电动机（600kW）定子局部视图

异步电动机转子结构可以分为笼型和绕线式两种。转子铁芯也由硅钢片叠成，叠好的铁芯在压力机上压紧。定子、转子之间，由滚动轴承和前后端盖支承以形成均匀的气隙。异步电动机通过感应建立转子磁场，为了降低空载电流，提高效率和功率因数，气隙都比较小。为保证轴承润滑，轴承内涂有润滑脂，并用轴承内、外盖把轴承与外界隔开。在转轴的一端安有散热风扇，随着转子转动。转子作为旋转部件，在工作时受到机械应力、电磁力和热应力的作用。

图 2-4 为笼型三相异步电动机转子结构。转子导条两端用端环连接在一起。转子铁芯由整圆冲片叠压而成，小型笼型异步电动机转子采用轴向通风，绕组为铸铝笼，其铁芯用键连接，轴滚花和热套方式直接套装在轴上；中型笼型异步电动机的导条材质为紫铜或黄铜，铁芯一般通过支架装配到轴上。由于笼型异步电动机没有滑环，不会因滑环滑动接触产生火花，可用作防爆电动机。

图 2-4 笼型三相异步电动机转子

图 2-5 为绕线式三相异步电动机转子。绕线转子绕组有小型和中、大型之分。小型绕线式三相异步电动机一般采用散嵌线圈，转子冲槽，绕组由漆包线绕成；中、大型绕线式三相异步电动机一般采用烘包绝缘的矩形铜排作为绕组。绕线式异步电动机绕组端部，一般采用浸渍树脂的无纬玻璃丝绑扎带绑扎固定。绕线式异步电动机转子三相引出线分别与三个金属滑环相连，和电刷构成滑动接触与外电路相连，这三个环便是集电环。图 2-6 为绕线式三相异步电动机转子上的集电环。

图 2-5 绕线式三相异步电动机转子　　　图 2-6 绕线式三相异步电动机转子上的集电环

2.1.3　三相异步电动机的工作原理

三相异步电动机的转子绕组不需要与其他电源相连接，定子电流可直接取自电网。

　　三相定子绕组通入三相对称电流后，产生旋转磁场，旋转磁场的转速称为同步转速。开始通电时，转子静止，与旋转磁场有相对运动，转子上的导体切割旋转磁场的磁力线，根据电磁感应原理，转子导体产生感应电动势，感应电动势的方向用右手定则判断。

　　所有转子导体本身构成闭合回路，因此，转子导体内有感应电流流过，这样转子导体又成为通电导体，根据电磁力定律，载流的转子导体在磁场中受到电磁力作用，作用力的方向用左手定则来判断。相对旋转中心，这些作用力形成与旋转磁场方向一致的电磁转矩，带动转子旋转。转子的转向与磁场的旋转方向相同，作为电动机运行时，转子的转速一般要小于磁场的转速，转子旋转时才能切割磁力线而受到电磁力的作用。否则，转子的转速与旋转磁场的转速相同，转子导体不切割磁力线，也就不能产生感应电动势，因而也就没有感应电流通过，也就不受力的作用，力矩将无法产生，转子也就不能转动。所以，转子转速与同步转速不相等，电动机转子才能旋转起来。欲使异步电动机旋转，必须有旋转的磁场和闭合的转子绕组。

　　由于异步电动机转子电流是依靠定子磁场感应产生，因而定子、转子之间的空气隙应尽可能小。电动机转子的转向是由旋转磁场的转向决定的，旋转磁场的转向取决于电源的相序，所以，对调三相电源线中的任意两相电源线，电动机就可反转。

　　异步电动机的最大力矩和供电电压平方成正比，因此，其最大力矩易受电网电压变化的影响，在低电压下运行，最大力矩将显著降低。

　　异步电动机最大力矩与转子电阻的大小无关，而对应最大转矩的临界转速，却与转子电阻成比例关系。因此，绕线式异步电动机可以通过改变接入转子回路的电阻来进行调速。往往应用于电梯、起重机的驱动。

2.1.4　三相异步电动机部分常用控制电路

　　三相异步电动机的常用控制电路包括三相异步电动机的启动、正反转、调速、制动等。这里列举了部分常用电路。

2.1.4.1　点动

　　点动正转控制线路是用按钮、接触器来控制电动机运转的最简单的正转控制线路。如图 2-7 所示，闭合断路器 QS，按下启动按钮 SB1，电动机通电运转；松开 SB1，电动机断电停转。这种控制用在电动机点动运行的场合。其中熔断器 FU1 和 FU2 起短路保护的作用。热继电器 FR 起过载保护的作用。一般电动机要外壳接地，在点动控制中，按钮仅仅串联在控制电路中。

2.1.4.2　星三角启动

　　如图 2-8 所示，启动时，按下启动按钮 SB1，接触器 KM1 线圈得电自锁，KM3 线圈和时间继电器 KT 也得电，主电路中 KM1 和 KM3 主触点闭合，电动机绕组接成星形进行

②

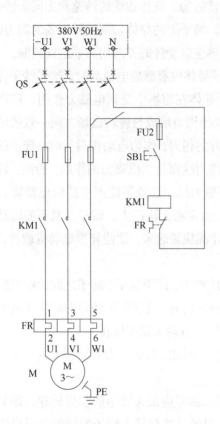

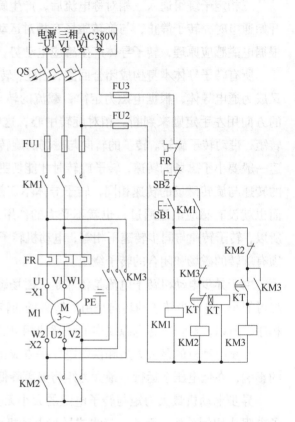

图 2-7　三相异步电动机点动控制电路　　　图 2-8　三相异步电动机星三角启动控制电路

降压启动。

　　当 KT 延时时间到，KT 的延时常开触点闭合，延时常闭触点断开，使得接触器 KM2 线圈得电自锁，接触器 KM3 线圈失电，主电路中 KM2 主触点闭合，KM3 主触点断开，电动机绕组由星形连接转换接为三角形连接，电动机进入全压运行状态。这种启动方法适用于正常运行为三角形接法的电动机。

2.1.4.3　软启动

　　软启动依靠软启动器实现。软启动器是一种集电机软启动、软停车、轻载节能和多种保护功能于一体的新型电动机控制装置。软启动器采用三相反并联晶闸管作为调压器，将其接入电源和电动机定子之间。这种电路如三相全控桥式整流电路。使用软启动器启动电动机时，晶闸管的输出电压逐渐增加，电动机逐渐加速，直到晶闸管全导通，电动机工作在额定电压的机械特性上，实现平滑启动，降低启动电流，避免启动过流跳闸。待电动机达到额定转速时，启动过程结束，软启动器自动用旁路接触器取代晶闸管，为电动机正常运转提供额定电压，以降低晶闸管的热损耗，延长软启动器使用寿命。软启动器同时还提供软停车功能，软停车与软启动过程相反，电压逐渐降低，转速逐渐下降到零，避免自由停车引起的转矩冲击。图 2-9 为软启动控制电路，启动时，闭合断路器，通过远程或就地的方式接通继电器 KA1，使接在软启动器启动端子上的 KA1 常开触点接通，进入软启动状态，启动完毕后，接通旁路接触器 KM1，短接软启动器。图 2-9（b）中线框内部分可做在现场操作箱内。

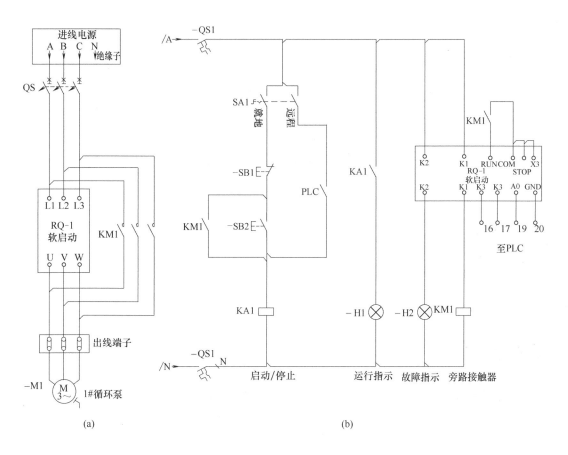

图 2-9　三相异步电动机软启动控制电路

2.1.4.4　正反转

三相异步电动机正反转控制电路如图 2-10 所示。

正转：按下启动按钮 SB1，KM1 线圈通过 KM2 的常闭触点得电自锁，同时 KM1 常开触点闭合，KM1 主触点闭合，电动机定子绕组接通正向电源，电动机正转。接触器 KM1 的常闭触点断开，保证 KM2 断电，起到互锁作用。

反转：先按下停止按钮 SB3，使 KM1 线圈断电。按下启动按钮 SB2，KM2 线圈通过 KM1 的常闭触点得电自锁，同时 KM2 常开触点闭合，KM2 主触点闭合，电动机定子绕组接通反向电源，电动机反转。接触器 KM2 的常闭触点断开，保证 KM1 断电，起到互锁作用。

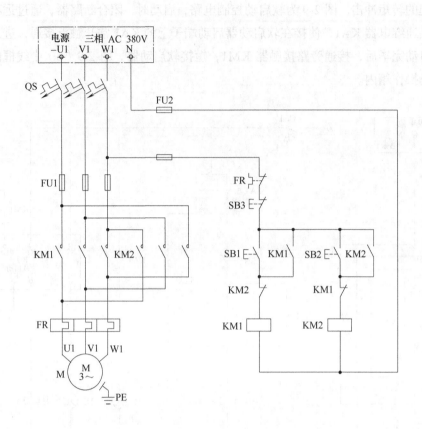

图 2-10　三相异步电动机正反转控制电路

2.1.4.5　调速

近年来，随着电力电子技术的发展，异步电动机的调速性能大有改善，交流调速应用日益广泛，在许多领域有取代直流电动机调速系统的趋势。

从调速时的能耗观点来看，有高效调速方法与低效调速方法。高效调速指转差率不变，因此无转差损耗，如多速电动机、变频调速以及能将转差损耗回收的调速方法（如串级调速等）。有转差损耗的调速方法属低效调速，如转子串电阻调速方法，能量就损耗在转子回路中；电磁离合器的调速方法，能量损耗在离合器线圈中；液力偶合器调速，能量损耗在液力偶合器的油中。

从异步电动机的转速关系式 $n = n_1(1-s) = \dfrac{60f_1}{p}(1-s)$ 可以看出，异步电动机的调速可分以下三大类：

① 改变定子绕组的磁极对数 p，称为变极调速；

② 改变供电电源的频率 f，称为变频调速；

③ 改变电动机的转差率 s，其方法有改变电压调速、绕线式电动机转子串电阻调速

和串级调速。

（1）变极对数调速

这种调速方法是用改变定子绕组的接线方式来改变笼型电动机定子极对数达到调速目的，特点如下：

具有较硬的机械特性，稳定性良好；

无转差损耗，效率高；

接线简单、控制方便、价格低；

有级调速，级差较大，不能获得平滑调速；

可以与调压调速、电磁转差离合器配合使用，获得较高效率的平滑调速特性。

本方法适用于不需要无级调速的生产机械，如金属切削机床、升降机、起重设备等。

（2）变频调速

变频调速是改变电动机定子电源的频率，从而改变其同步转速的调速方法。变频调速系统主要设备是提供变频电源的变频器，变频器可分成交流—直流—交流变频器和交流—交流变频器两大类，目前国内大都使用交流—直流—交流变频器。其特点如下：

效率高，调速过程中没有附加损耗；

应用范围广，可用于笼型异步电动机；

调速范围大，特性硬，精度高；

技术复杂，造价高，维护检修困难。

本方法适用于要求精度高、调速性能较好场合。

变频调速应用广泛，采用变频调速，一是可以根据要求调速，二是节能。它主要基于下面几个因素：

① 变频调速系统自身损耗小，工作效率高。

② 电动机总是保持在低转差率运行状态，减小转子损耗。

③ 可实现软启、制动功能，减小启动电流冲击。

图 2-11 为典型的变频调速控制电路，将变频器参数设置为端子启动，当 SA1 打在就地挡时，远程触点断开，变频器只能就地操作运行；当 SA1 打在远程挡时，当 PLC 控制的触点接通时，KM1 线圈得电，则图右侧的 KM1 端子闭合时，变频器启动，带动电动机按照设置的频率运行。

图 2-12 为典型的变频控制柜内部接线（2 台供暖管道循环水泵、1 台补水泵控制），通过调整循环泵转速，调节供热量。虽然这种控制方式造价较高，但是从长远考虑，其调速功能方便热网调节，能起到很好的节能效果。变频器 PID 调节控制是目前比较先进的补水控制方式，由压力传感器、PID 调节器、变频器、补水泵等组成。在 PID 调节器上设定需要的压力，压力传感器将取压点压力传给 PID 调节器，PID 调节器根据设定压力、实际压力，进行 PID 运算后，输出控制指令，变频器根据指令调整电动机的转速。

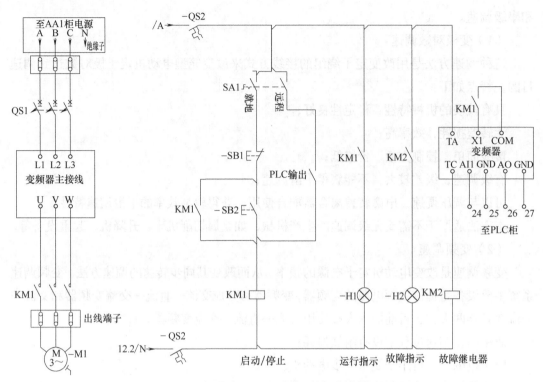

图 2-11　三相异步电动机变频调速控制电路

图 2-12　变频控制柜内部接线（2 台供暖管道循环水泵、1 台补水泵控制）

2.2　PLC 控制基础

在现代化生产中，很多设备需要配置自动控制装置，例如电动机的启动与停止控制、电动机变频调速、生产线往复运动控制、定位控制、机床的自动控制等，以前这些控制系统中的电气控制装置主要采用继电器、接触器或电子元件来实现。现在，在工业生产中，电机控制的自动化系统常采用 PLC 作为控制器，PLC 通用性强、使用方便、适应面广、可靠性高、抗干扰能力强、编程简单。

2.2.1　PLC 控制归类

PLC 控制器已经广泛应用于钢铁、石油、化工、电力、建材、机械制造、汽车、轻纺、交通运输、环保等各个行业，它具有可靠性高、抗干扰能力强、功能强大、灵活、易学易用、体积小、重量轻、价格便宜的特点。使用情况大致可归纳为如下几类。

2.2.1.1　开关量的逻辑控制

这是 PLC 控制器最基本、最广泛的应用领域，取代传统的继电器电路，实现逻辑控制、顺序控制，既可用于单台设备的控制，也可用于多机群控及自动化流水线。

2.2.1.2　模拟量控制

在工业生产过程当中，有许多连续变化的量，如速度、温度、压力、流量、液位等都是模拟量。为了使可编程控制器处理模拟量，必须实现模拟量（Analog）和数字量（Digital）之间的 A/D 转换及 D/A 转换。PLC 厂家生产配套的 A/D 和 D/A 转换模块，使可编程控制器用于模拟量控制。

2.2.1.3　运动控制

PLC 控制器可以用于圆周运动或直线运动的控制，使用专用的运动控制模块。如可驱动步进电机或伺服电机的单轴或多轴位置控制模块。

2.2.1.4　过程控制

过程控制是指对温度、压力、流量等模拟量的闭环控制。PID 调节是一般闭环控制系统中用得较多的调节方法。大中型 PLC 都有 PID 模块，目前许多小型 PLC 控制器也具有此功能模块。PID 处理一般是运行专用的 PID 子程序。过程控制在冶金、化工、热处理、锅炉控制等场合有非常广泛的应用。

2.2.1.5　数据处理

现代 PLC 控制器具有数学运算、数据传送、数据转换、排序、查表、位操作等功能，可以完成数据的采集、分析及处理。这些数据可以与存储在存储器中的参考值比较，完成一定的控制操作，也可以利用通信功能传送到别的智能装置。数据处理一般用于大型控制系统，如无人控制的柔性制造系统；也可用于过程控制系统，如冶金、食品工业中的一些大型控制系统。

2.2.1.6 通信及联网

PLC 控制器通信包括 PLC 控制器间的通信及 PLC 控制器与其他智能设备间的通信。随着计算机控制技术的发展，工厂自动化网络发展得很快，各 PLC 控制器厂商都十分重视 PLC 控制器的通信功能，纷纷推出各自的网络系统。

2.2.2 PLC 的性能指标

PLC 的性能指标主要包括一般指标和技术指标两种。PLC 的结构和功能情况指的是一般性能指标，也是用户在选用 PLC 之时必须要了解的。而技术指标包括了一般的性能规格和具体的性能规格。具体的性能规格又包括了 I/O 点数、扫描速度、存储容量、指令系统、内部寄存器和特殊功能模块等指标。

2.2.2.1 I/O 点数

输入/输出（I/O）点数是 PLC 可以接受的输入信号和输出信号的总和，是衡量 PLC 性能的重要指标。I/O 点数越多，外部可接的输入设备和输出设备就越多，控制规模就越大。

2.2.2.2 扫描速度

扫描速度是指 PLC 执行用户程序的速度，是衡量 PLC 性能的重要指标。

2.2.2.3 存储容量

存储容量是指用户程序存储器的容量。用户程序存储器的容量大，可以编制出复杂的程序。一般来说，小型 PLC 的用户存储器容量为几千字，而大型 PLC 的用户存储器容量为几万字。通常用 PLC 所存放用户程序的多少作为衡量性能的指标之一。

2.2.2.4 指令系统

指令功能的强弱、数量的多少也是衡量 PLC 性能的重要指标。编程指令功能越强、数量越多，PLC 的处理能力和控制能力也越强，用户编程也越简单和方便，越容易完成复杂的控制任务。

2.2.2.5 内部寄存器

寄存器的配置及容量情况是衡量 PLC 硬件功能的一个指标。在编制 PLC 程序时，需要用到大量的内部元件来存放变量、中间结果、保持数据、定时计数、模块设置和各种标志位等信息。这些元件的种类与数量越多，表示 PLC 的存储和处理各种信息的能力越强。

2.2.2.6　特殊功能模块

特殊功能模块种类的多少与功能的强弱是衡量 PLC 产品的一个重要指标。近年来各 PLC 厂商非常重视特殊功能单元的开发，特殊功能单元种类日益增多，功能越来越强，使 PLC 的控制功能日益扩大。常用的特色功能模块有：A/D 模块、D/A 模块、高速计数模块、位置控制模块、定位模块、温度控制模块、远程通信模块以及各种物理量转换模块等。

2.2.3　PLC 控制系统

PLC 控制系统一般包括 PLC 控制柜、通信设备、工控上位机、HMI、中控室显示屏、现场控制箱等，控制对象包括现场电动机、现场电动阀、现场仪表传感器等。为便于现场维护和调试，在现场设有控制箱，在现场控制箱上具备远程/就地转换开关，启动、停止按钮及指示灯等。常见通信设备为交换机，用于以太网通信中，串口通信时需要串口服务器或串口数据采集器。HMI 包括触摸屏和工控机，有的系统还配显示屏。图 2-13~图 2-16 为工程现场应用中的 PLC 控制柜、交换机、工控机和壁挂显示屏。

图 2-13　运行中的 PLC 柜

PLC 综合控制柜一般具有过载、短路、缺相保护等保护功能。它具有结构紧凑、工作稳定、功能齐全等特点。可以根据实际控制规模大小进行组合，既可以实现单柜自动控制，

也可以实现多柜通过工业以太网或工业现场总线网络组成集散（DSC）控制系统。 PLC
控制柜能适应各种大小规模的工业自动化控制场合。

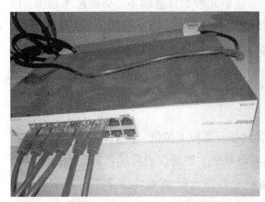 

图 2-14　PLC 通过网线连接的交换机　　　　　图 2-15　置于柜内的工控机

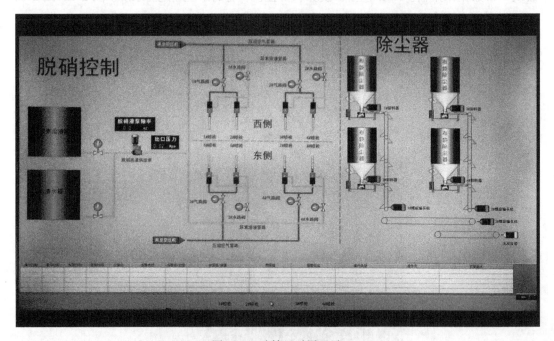

图 2-16　壁挂显示屏显示

　　PLC 控制柜可完成设备自动化和过程自动化控制，实现完美的网络功能，具有性能稳
定、可扩展、抗干扰强等特点，是现代工业的核心和灵魂。根据用户需求设计 PLC 控制
柜、变频柜等，搭配人机界面触摸屏，可达到轻松操作的目的。

2.2.4　PLC 典型电机控制程序

　　电机采用 PLC 控制时，需要根据控制要求，编写相应的 PLC 程序，实现控制目标。

PLC 程序里面的触点和线圈与继电器、接触器控制电路中的用法类似。水泵是生产生活中广泛应用的机电设备，由电动机带动运行。这里以补水泵为控制载体，简单介绍电机常用典型控制程序。

2.2.4.1　点动程序

点动时，按下开关，电路通电；松开开关，电路断开。

程序如图 2-17 所示：按下 1#补水泵启动按钮，DB6.DBX6.2 常开触点闭合，DB2.DBX3.6 线圈得电，1#补水泵进入点动状态；松开 1#补水泵启动按钮，DB2.DBX3.6 线圈断电，1#补水泵常开触点断开，1#补水泵运行停止。

图 2-17　点动程序

2.2.4.2　自锁程序

自锁时，一旦按下启动按键，电路就能够自动保持持续通电，直到按下其他按键使之断路为止。

程序如图 2-18 所示：当 DB6.DBX6.2 得电，触点 DB6.DBX6.2 接通，DB2.DBX3.6 线圈得电，1#补水泵启动，常开触点 DB2.DBX3.6 触点闭合，为自锁触点，此时，即使 DB6.DBX6.2 断电，在自锁触点 DB2.DBX3.6 的作用下，仍然能保持 DB2.DBX3.6 线圈得电。

```
1#补水泵启              1#补水泵启
动                      动
DB6.DBX6.2            DB2.DBX3.6
───┤ ├──┬──────────────( )───

1#补水泵启
动
DB2.DBX3.6
───┤ ├──┘
```

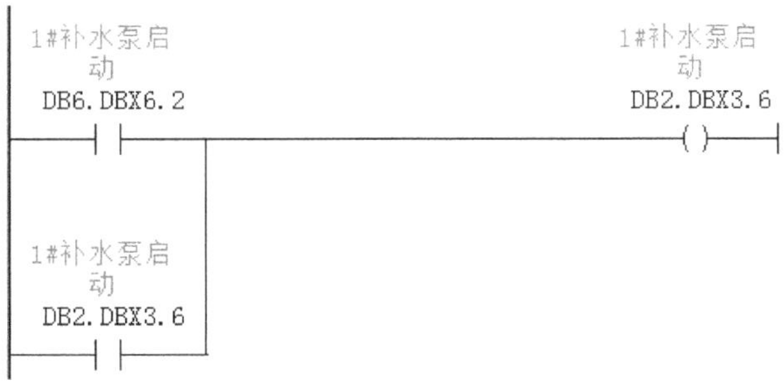

图 2-18　自锁程序

2.2.4.3　互锁程序

即接通其中一个触点时，另一个触点必须自动断开电路，这样可以有效防止两个触点同时接通，造成电气短路、机械故障或人身伤害事故。如电机正反转，电机启动与停止等。

程序如图 2-19 所示：常闭触点 DB6.DBX6.3 为互锁触点，当 DB6.DBX6.3 得电时，DB6.DBX6.3 常闭触点断开，此时，即使触点 DB6.DBX6.2 接通，DB2.DBX3.6 线圈也不能得电，1#补水泵处于停止状态。

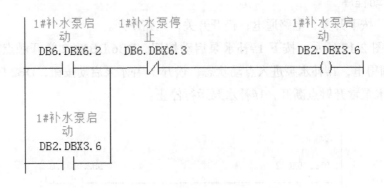

图 2-19　互锁程序

2.2.4.4　自锁加互锁程序

程序如图 2-20 所示：常开触点 DB2.DBX3.6 为自锁触点。DB1.DBX6.5、DB6.DBX6.3 和 DB1.DBX6.7 为互锁触点。当 1#补水泵选择为远程控制时，DB1.DBX6.5 触点闭合，按下 1#补水泵启动按钮，1#补水泵常开触点接通，DB2.DBX3.6 得电并自锁，1#补水泵进入启动状态。当 1#补水泵停止按钮按下时，常闭触点 DB6.DBX6.3 断开，DB2.DBX3.6 线圈断电，1#补水泵进入停止状态。当 1#补水泵处于故障状态时，DB1.DBX6.7 触点断开，1#补水泵无法启动。当 1#补水泵选择为就地控制时，DB1.DBX6.5 触点断开，1#补水泵通过远程按钮 DB2.DBX3.6 无法启动。

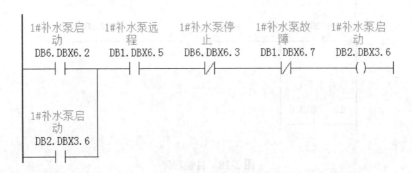

图 2-20　自锁加互锁程序

2.2.4.5　联锁程序

实际项目中，有的动作执行，需要满足前提条件。若甲动作作为乙动作的前提条件，则称甲对乙的联锁。例如：某流化床锅炉在启动一次风机前，需先启动引风机；如果引风机没有启动，一次风机不能启动。

程序如图 2-21 所示：1#炉引风机与 1#炉一次风机运行联锁。如果 1#引风机启动运行，则 DB2.DBX0.1 常开触点闭合，不会影响 DB2.DBX0.1 线圈得电，1#炉一次风机启动；如果 1#引风机停止，则 DB2.DBX0.1 常开触点处于断开状态，即使 DB6.DBX0.2 触点闭合，DB2.DBX0.1 线圈也不能得电，1#炉一次风机也无法启动，起到联锁作用。

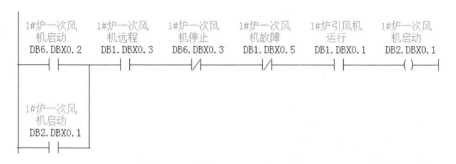

图 2-21　联锁程序

第3章

变频器与仪表传感器

在工业控制工程项目上，例如这里的热力自动化 PLC 改造项目，变频器和仪表传感器成为整个控制系统的重要组成部分。其中变频器控制相关电机的转速，可以由 PLC 给定启动和频率等信号，并可以向 PLC 反馈运行和故障等信号。传感器的信号由 PLC 采集，在上位机上显示，根据采集到的传感器数据，可以在 PLC 程序中，根据传感器的数据，确定控制策略。本章介绍变频器和仪表传感器。

3.1 变频器

3.1.1 变频器选型

由于变频器可实现电机的软停、软启，避免了启动时电压冲击 ，同时也起到很好的节能效果。本项目在电机控制中运用了多个变频器。变频器是应用变频驱动技术改变交流电机工作电压的频率和幅度，来平滑控制交流电机速度及转矩，即是一个把固定电压和频率的交流电转变成一个频率和电压可变的交流电设备。可以实现风机、水泵的无级调速，实现恒压或恒流量控制。

变频器节能主要表现在风机、水泵的应用上。风机、泵类等设备传统的调速是通过调节入口或出口的挡板、阀门开度来调节给风量和给水量，其输入功率大，且大量的能源消耗在挡板、阀门的截流过程中。使用变频调速时，通过降低泵或风机的转速来减小流量。

变频器在选型前，要了解电机参数（额定电压、额定电流、电机极对数、绝缘等级、电机功率等），选择变频器时变频器的额定工作电压与电机的额定电压相符，应以实际电机电流值作为变频器选择的依据，电机的额定功率只能作为参考。其次，变频器输出中含有高次谐波，使电机的功率因数和效率都会变坏，选型时应予考虑。

还要了解负载类型（轻载、重载、超重载、不均衡负载、大惯性负载），根据负载类型选择变频器。轻载（恒功率负载）使用 P 型机，如风机、水泵只需变频器的容量等于电机容量即可（特殊场合除外，如：深井泵属重载）；重载（恒转矩负载）使用 G 型机，容量稍大一点或等于电机容量即可（如机械调速等）。

变频器选型应充分考虑环境对变频器的影响。

（1）环境温度：变频器选型时要考虑到使用环境温度一般在 $-10 \sim 40℃$，工作环境的温度如果高于 $40℃$，每升高 $1℃$，变频器应降额 5% 使用；工作环境的温度每升 $10℃$，对变频器的寿命就会产生重大影响，所以周围环境及变频器散热的问题一定要解决好。

（2）湿度：变频器选型时，要考虑湿度，若在湿度低于 90% 的环境中工作，空气的相对湿度小于或等于 90%，无结露。湿度若太高且湿度变化比较大的时候，变频器的内部比较容易出现结露现象，那么绝缘性能就会大幅度降低，甚至会引发短路。必要时，必须在箱中增加干燥剂或加热器。

（3）海拔高度：变频器选型要考虑海拔高度，安装海拔高度在 1000m 以下可以输出额定功率。当海拔高度超过了 1000m，其输出功率会下降。

（4）防护等级：变频器选型时，一定要注意其防护等级是否与现场的情况相匹配。否则现场的灰尘、水会影响变频器的长久运行。

变频器驱动潜水泵电机时，因为潜水泵电机的额定电流比通常电机的额定电流大，所以选择变频器时，其额定电流要大于潜水泵电机的额定电流。当变频器控制罗茨风机时，由于罗茨风机为容积型鼓风机，具有输出风压高的特点。从电机特性来看，其转矩特性近似为恒转矩特性，其启动电流很大，所以选择变频器时一定要注意变频器的容量是否足够大。在有金属导电性粉尘的场合，不宜安装变频器。因为导电性粉尘会侵入变频器的内部，容易导致变频器的内部线路短路，严重情况下会烧毁变频器。

本项目中的引风机、鼓风机、炉排、循环泵、补水泵等电机根据工艺和甲方的要求，采用变频调速的方式运行，主要选择英威腾变频器和 ABB 变频器，根据变频器说明书设定主要参数如频率给定方式、启动方式、启动频率、加减速时间、加减速方式、上限频率、下限频率、电机级数、电机容量等。

3.1.2　调试前检查

通电前的检查，主要包括:外观、构造检查，检查变频器的型号是否有误、安装环境有无问题、装置是否脱落或破损、电缆直径和种类是否合适、电气连接有无松动、接线有无错误、接地是否可靠等；绝缘电阻检查，测量变频器主电路绝缘电阻时，必须首先拆除变频器与电源、变频器与电机之间的全部连接线，然后再将所有的主回路输入、输出端采用导线可靠地短接，再对地进行绝缘，再用 500V 兆欧表测量绝缘电阻，其值应在 $10MΩ$ 以上。控制电路的绝缘电阻用万用表的高阻挡测量，不能用兆欧表；电源电压检查，检查主电路电源电压是否在允许电源电压值内，确认电源供电的电压正确。

通电检查，闭合断路器，使变频器通电，检查变频器是否有异常响声、冒烟、异味等情况。

变频器调试前，先要确保变频柜内杂物和尘土已经清理，电机已上润滑油，电缆连接可靠无误，人员均已撤离至安全区域，相关流体管道阀门已经打开，不会引发管道流体堵塞等现象。

3.1.3 变频器参数设置与调试

一般需要设置电机参数、启动方式、启动频率、频率给定方式、运行频率等。

通常情况下，我们将变频器的参数分为三种：一是不必调整，可保持出厂设置的参数；二是在试运转前需预设定的参数；三是在试运转中需要调整的参数。一般需要设置的参数包括电机参数和启动方式、频率源、模拟量输入给定、模拟量输出给定、加减速时间等。

根据参数定义，确认哪些参数的出厂设置和工况条件相符合，比如电机额定频率、输入电压、模拟输入/输出信号类型等，确定需要设置哪些参数。

3.1.3.1 电机参数设置

设置电机参数，明确被控电机的性能参数，也是调试前的必备工作。根据使用电机铭牌的额定电压与额定电流在变频器中设定参数，与其对应；设置运转方向，主要用来设定是否禁止反转；设置停机方式，用来设定是刹车停止还是自由停止；设置电压上下限，根据设备电机电压设定极限，避免烧坏电机。

3.1.3.2 频率设置

启动频率，设定启动时电机从多少频率开始运转；运行频率，根据生产情况调节好电机运转后的旋转频率；频率上下限，这个参数避免用户误操作使频率过高，烧坏电机。

3.1.3.3 频率给定方式设置

频率给定方式包括面板给定、传感器模拟量反馈和通信输入。面板给定时，可以通过面板按键调节频率；传感器模拟量反馈时，可以通过接在模拟量输入端子的传感器的电压或电流变化作为信号输入来控制频率；通信输入时，与 PLC 等上位机，在上位机中编写通信程序或通信组态，通过通信端子控制其频率。

3.1.3.4 加减速时间设置

加速时间是电机从启动频率到运行频率的时间；减速时间是电机从运行频率到停止所需时间。

3.1.4 空载试车

待参数设置完成后，退出编程状态，返回停机状态，空载运行。变频器输出端接电机，电机尽可能与负载脱开，变频器通电运行。

将变频器设置为自带的键盘操作模式，按运行键、停止键，观察电机是否能正常地启动、停止。

将变频器输出频率设置为 0，变频器运行后，先给一个小的频率值，检查电机转向是否正常、声音有无异常。

将变频器输出频率逐步升高至额定值，让电机在此频率下运行一段时间，再设定若干频率值，检查变频器加、减速有无异常，通常试验 5Hz、10Hz、25Hz、50Hz 等。如果有上位机监控，观察上位机显示的反馈频率是否正常。如果相差大，查找原因并调整。

对于有制动要求的生产机械，在发出停车指令后检查电机的制动情况。

将远程就地切换为远程，通过上位机的变频器控制面板对变频器启动、频率给定、频率反馈等进行调试和检查。

3.1.5　拖动系统试车

将电动机与生产机械连接起来，进行拖动系统试车。

（1）启动：观察拖动系统在设定频率下能否运转，如果启动困难，应修改变频器功能设置，加大启动转矩。

（2）加速：将变频器给定信号调至最大，发出启动指令，观察启动电流以及生产机械升速过程中运行是否平稳。若变频器启动或停止电机过程中变频器出现过流保护动作，应重新设定加速或减速时间，适当延长加减速时间。若在某一速度段启动电流偏大，可通过改变启动方式来解决。

（3）停机：变频器运行在最高工作频率下时，发出停车指令，观察生产机械的停车过程，停车过程中如出现过电压或过电流跳闸，应适当延长变频器减速时间，当输出频率为 0Hz 时，生产机械如果有爬行现象，应适当加入直流制动。

（4）生产机械负载试验。进行最高、最低频率下的带载能力试验，检查变频器在额定转速下能否带动生产机械以及最低转速下电机的发热情况。

3.2　仪表传感器

3.2.1　温度仪表

温度是热力系统的重要状态参数之一。在锅炉热力系统中，给水、炉膛和烟气等的热力状态是否正常，风机和水泵等设备轴承的运行情况是否良好，都依靠对温度测量的仪表传感器来进行监视。

常用的温度测量仪表有玻璃温度计、压力式温度计、热电偶温度计、光学温度计和热电阻温度计等多种，在锅炉 PLC 控制系统中采集的温度传感器主要是电阻式和热电偶式温度传感器。

热电阻温度传感器是利用导体或半导体的电阻随温度变化而改变的性质制成的，通过测量金属电阻值大小，得出所测温度的数值，是中低温区最常用的一种温度检测器。它的主要特点是测量精度高，性能稳定。热电阻大都由纯金属材料制成，目前应用最多的是铂和铜。其中铂热电阻的测量精确度最高。

热电阻外面一般要加保护套管，保护套管材料要耐温、耐腐蚀、承受温度剧变、密封性好及足够的机械强度。

工业用热电阻作为温度测量传感器，通常与温度变送器、调节器以及显示仪表等配套使用，组成过程控制系统，用以直接测量或控制各种生产过程中-200~500℃范围内的液体、气体以及固体表面的温度。

热电偶是中高温区最常用的一种温度检测元件。它的主要特点是测量精度高，性能稳定。

热电偶温度计是利用两种不同金属导体的接点，受热后产生热电势的原理制成的测量温度仪表。主要由热电偶、补偿导线和电气测量仪表（检流计）三部分组成。热电偶温度计的优点是，灵敏度高，测量范围大，无需外接电源，便于远距离测量和记录等。缺点是需要补偿导线，安装费用较贵。在工业锅炉上，常用来测量炉膛火焰温度和烟道内的烟气温度等。

普通铂铑热电偶最高测量温度为 1600℃。普通镍铬-镍硅热电偶最高测量温度为 1100℃。

热电偶必须置于被测介质之中，并应尽可能使其对着被测介质的流动方向成 45°斜角，深度不小于 150mm。测量炉膛温度时，一般应垂直插入。若垂直插入有困难时，也可水平安装，但插入炉膛内的长度大于 500mm 必须加以支撑。热电偶安装后，其插入孔应用泥灰等工程材料塞紧，以免外部冷空气侵入后影响测量精度。用陶瓷保护的热电偶应缓慢插入被测介质，以免因温度突变使保护管破裂。热电偶自由端温度的变化对测量结果影响很大，必须经常校正或保持自由端温度的恒定。

根据测量选择热电偶的分度号和防护套。例如 500~900℃以下可选分度号为 K 的热电偶，用不锈钢护套；900~1100℃也可选分度号为 K 的热电偶，但不能用不锈钢护套，而要用陶瓷护套。热电偶和二次仪表的连线一定要用配套的补偿导线。

一般 600℃以下用热电阻，600℃以上用热电偶。用热电阻测量 600℃以下的温度，具有比热电偶更高的测量精度。铂热电阻可以测量-200~650℃，铜热电阻可以测量-50~150℃范围温度。热电阻也能远距离测量和显示。

在温度仪表的具体使用期间，需要对其进行及时维护与合理调试，具体有以下三点：

（1）温度仪表中的传感器与被测介质热传导要保持良好，在具体安装中将其放置在能够正常测试对象的实际温度位置上，例如：在传感器与被测物质之间，调试人员可以填充高温硅脂，以此来加快传感器的感温速度，促使温度仪表的调节质量有所上升。

（2）在温度仪表的所有线缆连接处，一定要使其线路接触好，同时，仪表的输入线、输出线以及电源线等不要暴露在外，以此来避免与其他物体接触发生导电的现象。

（3）温度仪表在运行期间出现下下限或上上限现象时，调试人员应对传感器进行及时检测，查看其是否出现断线、短路的问题。

3.2.2　压力仪表

常用的压力仪表的种类有压力表、压力变送器、压力开关、压力传感器（机组用）等。压力传感器选型，需要清楚以下几个参数：①压力量程；②使用温度范围；③被测量的介质；④测量精度；⑤输出信号；⑥接口尺寸等。露天安装的压力开关和变送器以及在有严重大气腐蚀、多粉尘和其他有害物质的厂房内安装的压力开关和变送器，应选用仪表保护（温）箱。变送器安装位置与规格见表 3-1。

表 3-1　变送器安装位置与规格

安装位置	名称	规格
锅炉出水压力	差压变送器	0~1.6MPa
锅炉炉膛压力	微差压变送器	−200~100Pa
鼓风机风压	差压变送器	0~4kPa
给水压力	差压变送器	0~2MPa

压力仪表的调试步骤有以下几个方面：

① 调试人员将压力仪表安装在压力校验仪上，并将附加在仪表处的可变电阻器接在欧姆表或是万用表的欧姆挡上，然后对压力仪表所呈现出的压力值分别进行升压和降压的测定，来检查其误差值是否符合国家规定的数值要求。在测试压力示值的同时，要及时在欧姆表或万用表欧姆挡上观察电阻值的变化情况。

② 检查可变电阻器动触片与绕线电阻间的导电性是否良好，调试人员应先对动触片与绕线电阻间的接触压力进行调节，使其两者接触不易过松，也不能过紧。

3.2.3　液位计

液位计的种类主要有投入式液位计、超声波液位计、雷达液位计和压变式液位变送器。

投入式液位计把传感器探头投入到液体中间，利用液体的压力，来测量出液体的深度。投入式液位计直接接触液体，价格相对便宜。对腐蚀性很强的介质，或黏稠度很大的介质，不适用。

超声波液位计利用超声波发射接收的原理，非接触测量液体深度。非接触式测量，比较卫生，可以检测腐蚀性很高的介质。但超声波的发生接收对环境的要求比较高，不适于环境比较恶劣的情况。

雷达液位计，利用微波脉冲的发射与接收来测量液体的深度。微波的发射不需要介质，所以在真空的情况下也可以测量。另外，雷达可以在很恶劣的环境下使用，比超声波的使用范围要广得多。

压变式液位变送器：主要使用在罐体上，使用范围比较局限。

磁翻板液位计属于插入式液位计，根据浮力原理和磁性耦合作用研制而成，广泛用于化工、冶金、环保、建筑、食品等行业生产过程中的液位测量与控制。当被测容器中的液位升降时，液位计本体管中的磁性浮子也随之升降，浮子内的永久磁钢通过磁耦合传递到磁翻柱指示器，驱动红、白翻柱翻转 180°，当液位上升时翻柱由白色转变为红色，当液位下降时翻柱由红色转变为白色，指示器的红白交界处为容器内部液位的实际高度，从而实现液位清晰指示。液位计获得变化的电阻信号，并将液位模拟量信号转换成 4~20mA 的标准电信号输出。

3.2.4　流量仪表

尽管流量计的种类繁多，但是在热力自动化 PLC 改造项目中，一般只有几种类型的流量计比较常用，如电磁流量计、超声流量计、弯管流量计、孔板流量计、涡街流量计、涡轮流量计等。

3.2.4.1　电磁流量计

电磁流量计是根据法拉第电磁感应定律制成的一种测量导电性液体的仪表。测量中无压力损失，测量精度较高，只能测量导电液体，测量介质的介电常数对测量影响巨大，故适合测量纯净液体。电磁流量计只能测量导电液体流量，而气体、油类和绝大多数有机物液体不在一般导电液体之列。

现场的调试人员在调试电磁流量计时，需根据电磁流量计在自动化测量中可能出现的错误，来进行相应的调试工作，先列举以下两点内容：

① 在仪表调试过程中，流量仪表出现的流量值波动较大的情况。如果在实际调试中出现仪表流量值频繁波动，则应立即对流量仪表内的 PID 参数进行适当调节，确保数值稳定下来，但如果在调节后波动的情况依旧持续发生，调试人员可以考虑是否是因为仪表本身的缺陷而造成的，此时要更换仪表。

② 当信号没有返回到电磁流量计的系统当中时，调试人员可以使用万用表调试，来综合检测流量计上的接线盒端口。

3.2.4.2　超声流量计

超声流量计是通过检测流体流动对超声束（或超声脉冲）的作用以测量流量的仪表。测量中无压力损失，可不中断流体输送安装。只能用于测量液体，管道的状态对测量精度影响巨大，安装精度要求高。

3.2.5　数显仪表

数显仪表可与传感器变送器配合使用，大大减少备表数量，实现对温度、压力、流量、液位等物理量的测量、显示、报警控制和变送输出。根据工况可对量程显示进行任意修正。线性输入信号量程可任意设定。可实现输入端故障报警输出，可实现定时或计数功能，可逆计数。可外供 24V 电源（提供给二线制变送器）。测量值变送输出：0~10mA、4~20mA、0~5V、1~5V、0~10V 等，变送范围任意设定，修正。可提供多主机、单主机、无主机方式的 RS485 串行通信方式。

第4章
控制点数统计

我们通过分析热力车间运行工艺过程，了解被控电机、变频器、电动阀、电磁阀等的控制要求，根据控制要求，确定系统所需的全部输入点位（如：按钮、开关及各种传感器等），从电机、电动阀、变频器、软启动器等输出设备入手确定输出点位，从而统计 PLC 的 I/O 点数，由此可以基本确定 PLC 模块系统配置。

4.1 电机及控制回路统计

以第 1 章中的某热力车间改造项目为例，阐述 PLC 控制系统的控制点数统计。PLC 控制运行的电机包括鼓风机、引风机、出渣机、循环泵等，部分电机如图 4-1~图 4-7 所示，现场电机控制回路有工频运行回路和变频运行回路，如表 4-1 所示。

图 4-1　鼓风机

图 4-2　引风机

图 4-3　水平出渣机

图 4-4　皮带出渣机

图 4-5　循环泵

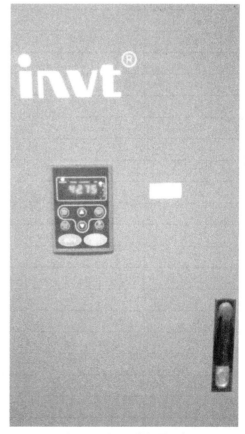

图 4-6　补水泵

图 4-7　引风机变频器运行

表 4-1 电机控制回路统计表

序号	电机控制
1	4#炉 80T 锅炉引风机工频
2	5#炉 80T 锅炉引风机工频
3	4#炉 80T 锅炉鼓风机变频
4	4#炉 80T 锅炉引风机变频
5	5#炉 80T 锅炉引风机变频
6	5#炉 80T 锅炉鼓风机变频
7	4#炉出渣机变频
8	4#炉炉排电机变频
9	4#炉分层给煤变频
10	4#5#炉渣灰冲洗泵工频
11	5#炉出渣机变频
12	5#炉炉排电机变频
13	5#炉分层给煤变频
14	备用
15	80T 斗提皮带工频
16	备用
17	备用
18	40T 斗提皮带工频
19	1#炉提升机工频
20	2#炉提升机工频
21	80T 给煤皮带工频
22	备用
23	80T 分煤皮带工频
24	备用
25	1#炉提升机振动器工频
26	80T 斗提皮带振动器
27	2#炉提升机振动器
28	1#炉鼓风机变频
29	1#炉引风机变频
30	1#炉循环泵变频
31	2#炉循环泵变频
32	2#炉鼓风机变频
33	深井泵变频
34	补水泵（一用一备）变频

序号	电机控制
35	生活水泵变频
36	水平出渣工频
37	水平出渣工频
38	水平出渣工频
39	备用
40	PLC 系统电源
41	照明
42	3#炉循环泵变频
43	4#炉循环泵变频
44	3#炉鼓风机变频
45	1#炉出渣机变频
46	2#炉出渣机变频
47	3#炉出渣机变频
48	1#炉渣灰冲洗泵变频
49	1#炉炉排变频
50	2#炉炉排变频
51	3#炉炉排变频
52	2#渣灰冲洗泵变频

4.2　典型电机控制回路

　　基于甲方在项目控制方面的要求，本项目 PLC 电气控制柜设计中使用到的典型工频和变频电气控制回路原理图如图 4-8~图 4-11 所示。

　　水平出渣、斗提皮带、分煤皮带、提升机振动器、渣灰冲洗泵等工频运行电机按图 4-8接线。图 4-8 中，有就地和远程两种启动方式，就地和远程可以通过就地操作箱的就地和远程转换开关切换。打到"就地"时，就地启动不受 PLC 和上位机的控制，在就地操作箱操作，就地操作箱有启动和停止按钮。当打到远程控制时，由上位机给 PLC 发出启动信号，PLC 通过程序控制电机的启停。控制回路中有电源指示灯、运行指示灯、故障指示灯。

　　补水泵等小功率电机变频控制按图 4-9 接线。图 4-9 中，电机仅有变频回路，没有工频回路。有就地和远程两种启动方式，就地和远程可以通过就地操作箱的就地和远程转换开关切换。打到"就地"时，就地启动不受 PLC 和上位机的控制，在就地操作箱操作，就地操作箱有启动和停止按钮。1#和 2#泵也通过现场操作箱转换开关切换。当打到远程控制时，由上位机给 PLC 发出启动信号，PLC 通过程序控制电机的启停。控制回路中有电源指示灯、运行指示灯、故障指示灯。

鼓风机、引风机等变频控制按图 4-10 接线。图 4-10 中，主电机采用变频回路，主电机的散热风机采用工频回路。只有工频回路接通，即散热风机工作状态下，变频回路才能接通，主电机才能工作。如果散热风机没有接通，KA1 处于断开状态，则变频器启动端断开，变频器处于停止状态。同样有就地和远程两种启动方式，就地和远程可以通过就地操作箱的就地和远程转换开关切换。打到"就地"时，就地启动不受 PLC 和上位机的控制，在就地操作箱操作，就地操作箱有变频器启动和停止按钮。当打到远程控制时，由上位机给 PLC 发出启动信号，PLC 通过程序控制变频器的启停。控制回路中有电源指示灯、运行指示灯、故障指示灯。变频控制柜装有两个柜内温控的散热风机，接在控制回路内。

循环泵变频控制按图 4-11 接线。图 4-11 中，主电机采用变频回路。同样有就地和远程两种启动方式，就地和远程可以通过就地操作箱的就地和远程转换开关切换。打到"就地"时，就地启动不受 PLC 和上位机的控制，在就地操作箱操作，就地操作箱有变频器启动和停止按钮。当打到远程控制时，由上位机给 PLC 发出启动信号，PLC 通过程序控制变频器的启停。控制回路中有电源指示灯、运行指示灯、故障指示灯。变频控制柜装有两个柜内温控的散热风机，接在控制回路内。

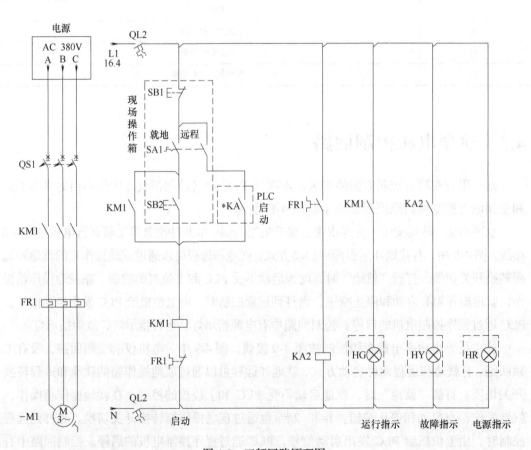

图 4-8　工频回路原理图

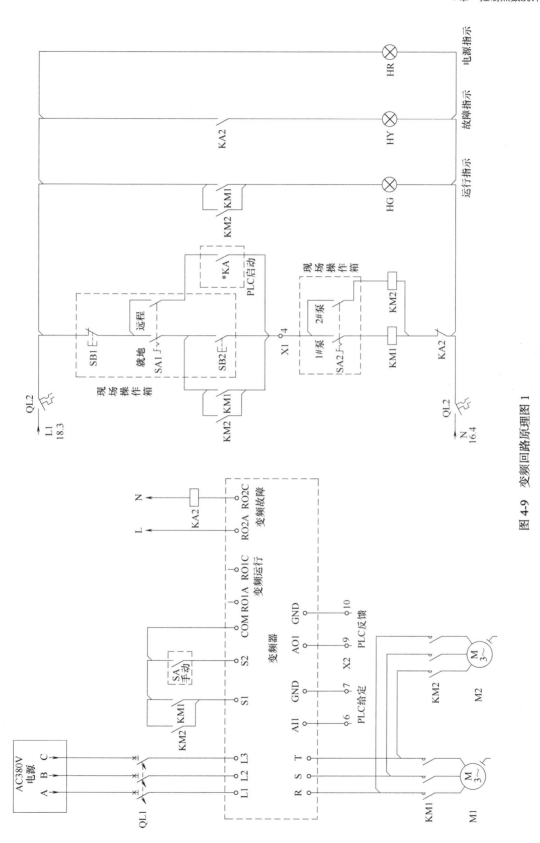

图 4-9　变频回路原理图 1

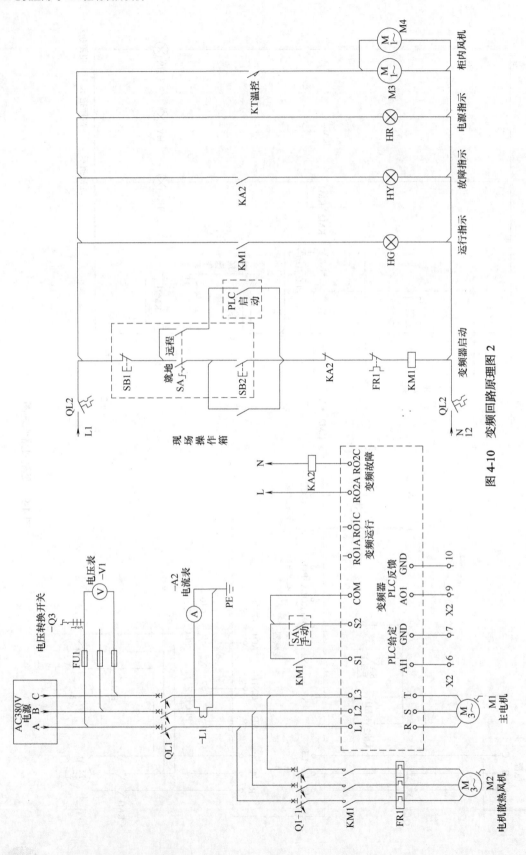

图 4-10 变频回路原理图 2

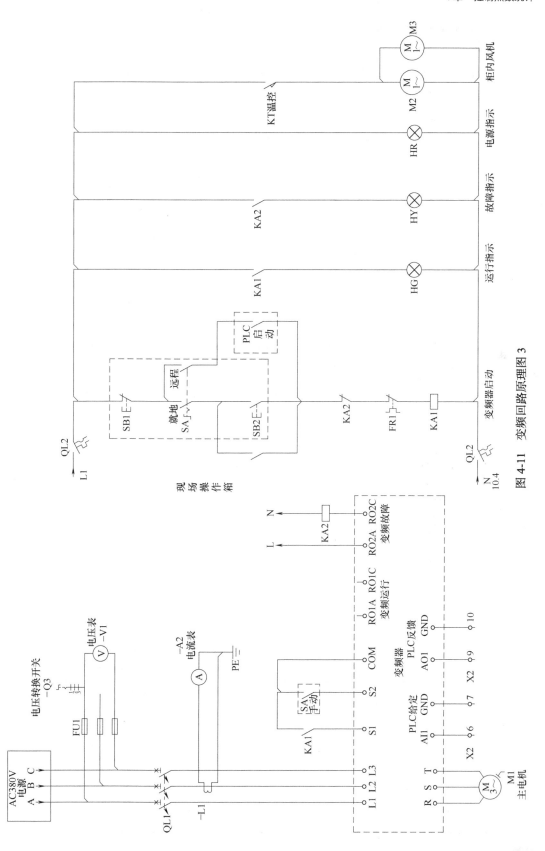

图 4-11　变频回路原理图 3

4.3 仪表传感器统计

要满足热力供暖需求，锅炉的出口水温和出口流量要稳定，保证炉膛负压维持在一定范围内。需要检测的仪表变量有：炉膛温度、省煤器进口烟气温度、排烟温度、省煤器进口水温、出口水温、出口流量、补水流量、炉膛负压、供水压力、引风负压、鼓风压力、水箱液位、大气温度等。表4-2~表4-4为一次仪表清单。

表4-2 1#~3#热水锅炉一次仪表清单

序号	设备名称	单位	数量	测点位置
1	微差压变送器	台	3	炉膛负压
2	差压变送器	台	3	对流管束Ⅰ入口压力右
3	差压变送器	台	3	对流管束Ⅰ出口压力右
4	差压变送器	台	3	对流管束Ⅱ入口压力左
5	差压变送器	台	3	对流管束Ⅱ出口压力左
6	差压变送器	台	3	炉排进口风压静压压力左
7	差压变送器	台	3	炉排进口风压静压压力右
8	差压变送器	台	2	空预器入口烟压
9	差压变送器	台	2	空预器出口烟压
10	差压变送器	台	3	引风机入口压力
11	差压变送器	台	3	鼓风机入口风压
12	差压变送器	台	2	空预器出口风压
13	压力变送器	台	3	出水压力
14	压力变送器	台	4	回水压力
15	刚玉管热电偶	支	3	炉膛出口温度
16	热电偶	支	3	对流管束Ⅰ入口温度右
17	热电偶	支	3	对流管束Ⅰ出口温度右
18	热电偶	支	3	对流管束Ⅱ入口温度左
19	热电偶	支	3	对流管束Ⅱ出口温度左
20	热电偶	支	2	空预器入口烟温
21	热电阻	支	2	空预器出口烟温
22	热电阻	支	3	排烟温度
23	热电阻	支	3	鼓风机入口温度
24	热电阻	支	2	空预器出口热风风温
25	热电阻	支	3	出水温度
26	热电阻	支	4	回水温度
27	氧化锆+氧量分析仪	套	3	炉膛出口烟气含氧量
28	阻旋料位计	台	6	煤仓料位
29	电动快速球阀	台	3	集气罐放气阀

表 4-3　4#~5#热水锅炉一次仪表清单

序号	设备名称	单位	4#、5#炉	测点位置
1	微差压变送器	台	2	炉膛负压左
2	微差压变送器	台	2	炉膛负压右
3	差压变送器	台	2	上级对流管束后负压左
4	差压变送器	台	2	上级对流管束后负压右
5	差压变送器	台	2	下级对流管束后负压左
6	差压变送器	台	2	下级对流管束后负压右
7	差压变送器	台	2	锅炉出口负压左
8	差压变送器	台	2	锅炉出口负压右
9	差压变送器	台	2	引风机入口压力
10	差压变送器	台	2	鼓风机入口风压
11	差压变送器	台	2	空预器出口风压
12	压力变送器	台	2	出水压力
13	压力变送器	台	4	回水压力
14	压力变送器	台	2	省煤器进水压
15	压力变送器	台	2	省煤器出水压
16	耐高温热电偶	支	2	炉膛出口温度左
17	耐高温热电偶	支	2	炉膛出口温度右
18	热电偶	支	2	上级对流管束后烟气温度左
19	热电偶	支	2	上级对流管束后烟气温度右
20	热电阻	支	2	下级对流管束后烟气温度左
21	热电阻	支	2	下级对流管束后烟气温度右
22	热电阻	支	2	排烟温度左
23	热电阻	支	2	排烟温度右
24	热电阻	支	2	鼓风机入口温度
25	热电阻	支	2	空预器出口热风风温
26	热电阻	支	2	出水温度
27	热电阻	支	4	回水温度
28	热电阻	支	2	后水冷壁下级集箱温度左
29	热电阻	支	2	后水冷壁下级集箱温度右
30	热电阻	支	2	省煤器进水温
31	热电阻		2	省煤器出水温
32	氧化锆+氧量分析仪	套	4	炉膛出口烟气含氧量左、右
33	阻旋料位计	台	4	煤仓料位
34	电动快速球阀	台	2	集气罐放气阀

表 4-4　热水锅炉公用部分一次仪表材料清单

序号	设备名称	单位	数量	测点位置
1	压力变送器	台	1	出水总管水压
2	压力变送器	台	1	回水总管水压
3	压力变送器	台	1	自来水总管压力
4	压力变送器	台	1	1#循环水泵出口水压
5	压力变送器	台	1	2#循环水泵出口水压
6	压力变送器	台	1	3#循环水泵出口水压
7	压力变送器	台	1	4#循环水泵出口水压
8	压力变送器	台	1	补水总管压力
9	热电阻	支	2	出水总管水温
10	热电阻	支	2	回水总管水温
11	热电阻	支	2	室外温度
12	插入式流量计	台	1	循环水总管出水流量
13	脉冲流量计	台	2	补水流量
14	脉冲流量计	台	1	补水流量
15	热量表	台	3	3 台 40t 出水
16	热量表	台	2	2 台 80t 出水

4.4　I/O 点数统计与分配

　　通过对热力车间锅炉工艺流程的了解，结合现场情况，统计 PLC 控制点数，并预留约 15%余量。DI 点数主要为电机和变频器的远程、就地控制，运行和故障反馈，集气罐放气阀开关到位、煤仓料位上下限，DO 点数主要为各电机启停和集气罐放气阀的开与关，AI 点数主要为各变频器频率反馈、风压、烟温、供回水温度、供回水压力、泄压阀开度，AO 点数为各变频器频率给定和泄压阀开度给定。表 4-5 为点数统计表，表 4-6 为各信号测点名称。类型包括 DI、DO、AI、AO、RS485。

表 4-5　点数统计表

DI	DO	AI	AO	RS485
155	53	202	33	40

表 4-6　DI 信号

序号	测点名称	类型
1	4#炉鼓风机远程	DI
2	4#炉鼓风机运行	DI
3	4#炉鼓风机故障	DI
4	4#炉引风机远程	DI
5	4#炉引风机运行	DI
6	4#炉引风机故障	DI
7	5#炉引风机远程	DI
8	5#炉引风机运行	DI
9	5#炉引风机故障	DI
10	5#炉鼓风机远程	DI
11	5#炉鼓风机运行	DI
12	5#炉鼓风机故障	DI
13	4#炉出渣远程	DI
14	4#炉出渣运行	DI
15	4#炉出渣故障	DI
16	4#炉炉排机远程	DI
17	4#炉炉排机运行	DI
18	4#炉炉排机故障	DI
19	4#炉分层给煤远程	DI
20	4#炉分层给煤运行	DI
21	4#炉分层给煤故障	DI
22	4#5#炉渣灰冲洗远程	DI
23	4#5#炉渣灰冲洗运行	DI
24	4#5#炉渣灰冲洗故障	DI
25	5#炉出渣机远程	DI
26	5#炉出渣机运行	DI
27	5#炉出渣机故障	DI
28	5#炉炉排机远程	DI
29	5#炉炉排机运行	DI
30	5#炉炉排机故障	DI
31	5#炉分层给煤远程	DI
32	5#炉分层给煤运行	DI
33	5#炉分层给煤故障	DI
34	80T 给煤机 1 远程	DI

序号	测点名称	类型
35	80T 给煤机 1 运行	DI
36	80T 给煤机 1 故障	DI
37	80T 给煤机 2 远程	DI
38	80T 给煤机 2 运行	DI
39	80T 给煤机 2 故障	DI
40	80T 给煤机 3 远程	DI
41	80T 给煤机 3 运行	DI
42	80T 给煤机 3 故障	DI
43	40T 给煤机 1 远程	DI
44	40T 给煤机 1 运行	DI
45	40T 给煤机 1 故障	DI
46	40T 给煤机 2 远程	DI
47	40T 给煤机 2 运行	DI
48	40T 给煤机 2 故障	DI
49	40T 给煤机 3 远程	DI
50	40T 给煤机 3 运行	DI
51	40T 给煤机 3 故障	DI
52	40T 给煤机 4 远程	DI
53	40T 给煤机 4 运行	DI
54	40T 给煤机 4 故障	DI
55	备用 1 远程	DI
56	备用 1 运行	DI
57	备用 1 故障	DI
58	备用 2 远程	DI
59	备用 2 运行	DI
60	备用 2 故障	DI
61	1#炉鼓风机远程	DI
62	1#炉鼓风机运行	DI
63	1#炉鼓风机故障	DI
64	1#炉引风机远程	DI
65	1#炉引风机运行	DI
66	1#炉引风机故障	DI
67	1#循环泵远程	DI
68	1#循环泵运行	DI

序号	测点名称	类型
69	1#循环泵故障	DI
70	2#循环泵远程	DI
71	2#循环泵运行	DI
72	2#循环泵故障	DI
73	2#炉鼓风机远程	DI
74	2#炉鼓风机运行	DI
75	2#炉鼓风机故障	DI
76	深井泵远程	DI
77	深井泵运行	DI
78	深井泵故障	DI
79	补水泵远程	DI
80	1#补水泵运行	DI
81	2#补水泵运行	DI
82	补水泵故障	DI
83	生活泵远程	DI
84	生活泵运行	DI
85	生活泵故障	DI
86	1#炉水平出渣远程	DI
87	1#炉水平出渣运行	DI
88	1#炉水平出渣故障	DI
89	2#炉水平出渣远程	DI
90	2#炉水平出渣运行	DI
91	2#炉水平出渣故障	DI
92	3#炉水平出渣远程	DI
93	3#炉水平出渣运行	DI
94	3#炉水平出渣故障	DI
95	3#循环泵远程	DI
96	3#循环泵运行	DI
97	3#循环泵故障	DI
98	4#循环泵远程	DI
99	4#循环泵运行	DI
100	4#循环泵故障	DI
101	3#炉鼓风机远程	DI
102	3#炉鼓风机运行	DI

序号	测点名称	类型
103	3#炉鼓风机故障	DI
104	1#炉出渣机远程	DI
105	1#炉出渣机运行	DI
106	1#炉出渣机故障	DI
107	2#炉出渣机远程	DI
108	2#炉出渣机运行	DI
109	2#炉出渣机故障	DI
110	3#炉出渣机远程	DI
111	3#炉出渣机运行	DI
112	3#炉出渣机故障	DI
113	1#炉渣灰冲洗远程	DI
114	1#炉渣灰冲洗运行	DI
115	1#炉渣灰冲洗故障	DI
116	1#炉炉排机远程	DI
117	1#炉炉排机运行	DI
118	1#炉炉排机故障	DI
119	2#炉炉排机远程	DI
120	2#炉炉排机运行	DI
121	2#炉炉排机故障	DI
122	3#炉炉排机远程	DI
123	3#炉炉排机运行	DI
124	3#炉炉排机故障	DI
125	2#炉渣灰冲洗远程	DI
126	2#炉渣灰冲洗运行	DI
127	2#炉渣灰冲洗故障	DI
128	2#炉引风机远程	DI
129	2#炉引风机运行	DI
130	2#炉引风机故障	DI
131	3#炉引风机远程	DI
132	3#炉引风机运行	DI
133	3#炉引风机故障	DI
134	1#集气罐放气阀开到位	DI
135	1#集气罐放气阀关到位	DI
136	1#集气罐放气阀故障	DI

续表

序号	测点名称	类型
137	2#集气罐放气阀开到位	DI
138	2#集气罐放气阀关到位	DI
139	2#集气罐放气阀故障	DI
140	3#集气罐放气阀开到位	DI
141	3#集气罐放气阀关到位	DI
142	3#集气罐放气阀故障	DI
143	4#集气罐放气阀开到位	DI
144	4#集气罐放气阀关到位	DI
145	4#集气罐放气阀故障	DI
146	5#集气罐放气阀开到位	DI
147	5#集气罐放气阀关到位	DI
148	5#集气罐放气阀故障	DI
149	1#炉煤仓料位上限位	DI
150	1#炉煤仓料位下限位	DI
151	2#炉煤仓料位上限位	DI
152	2#炉煤仓料位下限位	DI
153	3#炉煤仓料位上限位	DI
154	3#炉煤仓料位下限位	DI
155	4#炉煤仓料位上限位	DI
156	4#炉煤仓料位下限位	DI
157	5#炉煤仓料位上限位	DI
158	5#炉煤仓料位下限位	DI
159	泄压阀 1 故障反馈	DI
160	泄压阀 2 故障反馈	DI
161	补水流量 1	DI
162	补水流量 2	DI
163	补水流量 3	DI
	数字量输出备用 1	DI
	数字量输出备用 2	DI
	数字量输出备用 3	DI
	数字量输出备用 4	DI
	数字量输出备用 5	DI

表 4-7 DO 信号

序号	测点名称	类型
1	40T 给煤机 3 启动	DO
2	40T 给煤机 4 启动	DO
3	备用 1 启动	DO
4	备用 2 启动	DO
5	1#炉鼓风机启动	DO
6	1#炉引风机启动	DO
7	1#循环泵启动	DO
8	2#循环泵启动	DO
9	2#炉鼓风机启动	DO
10	深井泵启动	DO
11	补水泵启动	DO
12	生活泵启动	DO
13	1#炉水平出渣启动	DO
14	2#炉水平出渣启动	DO
15	3#炉水平出渣启动	DO
16	3#炉循环泵启动	DO
17	4#炉循环泵启动	DO
18	3#炉鼓风启动	DO
19	1#炉出渣机启动	DO
20	2#炉出渣机启动	DO
21	3#炉出渣机启动	DO
22	1#炉渣灰冲洗启动	DO
23	1#炉炉排机启动	DO
24	2#炉炉排机启动	DO
25	3#炉炉排机启动	DO
26	2#炉渣灰冲洗启动	DO
27	2#炉引风机启动	DO
28	3#炉引风机启动	DO
29	1#炉集气罐放气阀开	DO
30	1#炉集气罐放气阀关	DO
31	2#炉集气罐放气阀开	DO
32	2#炉集气罐放气阀关	DO
33	3#炉集气罐放气阀开	DO
34	3#炉集气罐放气阀关	DO
35	4#炉集气罐放气阀开	DO

序号	测点名称	类型
36	4#炉集气罐放气阀关	DO
37	5#炉集气罐放气阀开	DO
38	5#炉集气罐放气阀关	DO
39	备用 11 启动	DO
40	备用 12 启动	DO
41	备用 13 启动	DO
42	备用 14 启动	DO
43	备用 15 启动	DO
44	备用 16 启动	DO
45	备用 17 启动	DO
46	备用 18 启动	DO
47	备用 19 启动	DO
48	备用 20 启动	DO
49	4#炉鼓风机启动	DO
50	4#炉引风机启动	DO
51	5#炉引风机启动	DO
52	5#炉鼓风机启动	DO
53	4#炉出渣机启动	DO
54	4#炉炉排机启动	DO
55	4#炉分层给煤启动	DO
56	4#5#炉渣灰冲洗启动	DO
57	5#炉出渣机启动	DO
58	5#炉炉排机启动	DO
59	5#炉分层给煤启动	DO
60	80T 给煤机 1 启动	DO
61	80T 给煤机 2 启动	DO
62	80T 给煤机 3 启动	DO
63	40T 给煤机 1 启动	DO
64	40T 给煤机 2 启动	DO

表 4-8　AI 信号

序号	测点名称	单位
1	4#炉鼓风机频率反馈	Hz
2	4#炉引风机频率反馈	Hz
3	5#炉引风机频率反馈	Hz

续表

序号	测点名称	单位
4	5#炉鼓风机频率反馈	Hz
5	4#炉出渣机频率反馈	Hz
6	4#炉炉排机频率反馈	Hz
7	4#炉分层给煤机频率反馈	Hz
8	5#炉出渣机频率反馈	Hz
9	5#炉炉排机频率反馈	Hz
10	5#炉分层给煤机频率反馈	Hz
11	1#炉鼓风机频率反馈	Hz
12	1#炉引风机频率反馈	Hz
13	1#炉循环泵频率反馈	Hz
14	2#炉循环泵频率反馈	Hz
15	2#炉鼓风机频率反馈	Hz
16	深井泵频率反馈	Hz
17	补水泵频率反馈	Hz
18	生活泵频率反馈	Hz
19	3#炉循环泵频率反馈	Hz
20	4#炉循环泵频率反馈	Hz
21	3#炉鼓风机频率反馈	Hz
22	1#炉出渣机频率反馈	Hz
23	2#炉出渣机频率反馈	Hz
24	3#炉出渣机频率反馈	Hz
25	1#炉渣灰冲洗频率反馈	Hz
26	1#炉炉排机频率反馈	Hz
27	2#炉炉排机频率反馈	Hz
28	3#炉炉排机频率反馈	Hz
29	2#炉渣灰冲洗频率反馈	Hz
30	2#炉引风机频率反馈	Hz
31	3#炉引风机频率反馈	Hz
32	1#炉炉膛出口烟气含氧量	%
33	2#炉炉膛出口烟气含氧量	%
34	3#炉炉膛出口烟气含氧量	%
35	4#炉炉膛出口烟气含氧量左	%
36	4#炉炉膛出口烟气含氧量右	%
37	5#炉炉膛出口烟气含氧量左	%
38	5#炉炉膛出口烟气含氧量右	%

续表

序号	测点名称	单位
39	模拟量输入备用 1	
40	模拟量输入备用 2	
41	1#40t 出水热量	MW
42	2#40t 出水热量	MW
43	3#40t 出水热量	MW
44	4#80t 出水热量	MW
45	5#80t 出水热量	MW
46	模拟量输入备用 3	
47	模拟量输入备用 4	
48	模拟量输入备用 5	
49	1#炉炉膛负压	Pa
50	1#炉对流管束Ⅰ入口压力右	Pa
51	1#炉对流管束Ⅰ出口压力右	Pa
52	1#炉对流管束Ⅱ入口压力左	Pa
53	1#炉对流管束Ⅱ出口压力左	Pa
54	1#炉炉排进口风压静压压力左	Pa
55	1#炉炉排进口风压静压压力右	Pa
56	1#炉空预器入口烟压	Pa
57	1#炉空预器出口烟压	Pa
58	1#炉引风机入口压力	Pa
59	1#炉鼓风入口风压	Pa
60	1#炉空预器出口风压	Pa
61	1#炉出水压力	MPa
62	1#炉回水压力	MPa
63	2#炉炉膛负压	Pa
64	2#炉对流管束Ⅰ入口压力右	Pa
65	2#炉对流管束Ⅰ出口压力右	Pa
66	2#炉对流管束Ⅱ入口压力左	Pa
67	2#炉对流管束Ⅱ出口压力左	Pa
68	2#炉炉排进口风压静压压力左	Pa
69	2#炉炉排进口风压静压压力右	Pa
70	2#炉空预器入口烟压	Pa
71	2#炉空预器出口烟压	Pa
72	2#炉引风机入口压力	Pa
73	2#炉鼓风入口风压	Pa

序号	测点名称	单位
74	2#炉空预器出口风压	Pa
75	2#炉出水压力	MPa
76	2#炉回水压力	MPa
77	3#炉炉膛负压	Pa
78	3#炉对流管束Ⅰ入口压力右	Pa
79	3#炉对流管束Ⅰ出口压力右	Pa
80	3#炉对流管束Ⅱ入口压力左	Pa
81	3#炉对流管束Ⅱ出口压力左	Pa
82	3#炉炉排进口风压静压力左	Pa
83	3#炉炉排进口风压静压力右	Pa
84	3#炉引风机入口压力	Pa
85	3#炉鼓风入口风压	Pa
86	3#炉出水压力	MPa
87	3#炉回水压力	MPa
88	1#炉炉膛出口温度	℃
89	1#炉对流管束Ⅰ入口温度右	℃
90	1#炉对流管束Ⅰ出口温度右	℃
91	1#炉对流管束Ⅱ入口温度左	℃
92	1#炉对流管束Ⅱ出口温度左	℃
93	1#炉空预器入口烟温	℃
94	1#炉空预器出口烟温	℃
95	1#炉排烟温度	℃
96	1#炉鼓风机入口温度	℃
97	1#炉空预器出口热风风温	℃
98	1#炉出水温度	℃
99	1#炉回水温度	℃
100	2#炉炉膛出口温度	℃
101	2#炉对流管束Ⅰ入口温度右	℃
102	2#炉对流管束Ⅰ出口温度右	℃
103	2#炉对流管束Ⅱ入口温度左	℃
104	2#炉对流管束Ⅱ出口温度左	℃
105	2#炉空预器入口烟温	℃
106	2#炉空预器出口烟温	℃
107	2#炉排烟温度	℃
108	2#炉鼓风机入口温度	℃

续表

序号	测点名称	单位
109	2#炉空预器出口热风风温	℃
110	2#炉出水温度	℃
111	2#炉回水温度	℃
112	3#炉炉膛出口温度	℃
113	3#炉对流管束Ⅰ入口温度右	℃
114	3#炉对流管束Ⅰ出口温度右	℃
115	3#炉对流管束Ⅱ入口温度左	℃
116	3#炉对流管束Ⅱ出口温度左	℃
117	3#炉排烟温度	℃
118	3#炉鼓风机入口温度	℃
119	3#炉出水温度	℃
120	3#炉回水温度	℃
121	4#炉炉膛负压左	Pa
122	4#炉炉膛负压右	Pa
123	4#炉上级对流管束后负压左	Pa
124	4#炉上级对流管束后负压右	Pa
125	4#炉下级对流管束后负压左	Pa
126	4#炉下级对流管束后负压右	Pa
127	4#炉锅炉出口负压左	Pa
128	4#炉锅炉出口负压右	Pa
129	4#炉引风机入口压力	Pa
130	4#炉鼓风入口风压	Pa
131	4#炉空预器出口风压	Pa
132	4#炉出水压力	MPa
133	4#炉回水压力左	MPa
134	4#炉回水压力右	MPa
135	4#炉省煤器进口水压	MPa
136	4#炉省煤器出口水压	MPa
137	5#炉炉膛负压左	Pa
138	5#炉炉膛负压右	Pa
139	5#炉上级对流管束后负压左	Pa
140	5#炉上级对流管束后负压右	Pa
141	5#炉下级对流管束后负压左	Pa
142	5#炉下级对流管束后负压右	Pa
143	5#炉锅炉出口负压左	Pa

序号	测点名称	单位
144	5#炉锅炉出口负压右	Pa
145	5#炉引风机入口压力	Pa
146	5#炉鼓风入口风压	Pa
147	5#炉空预器出口风压	Pa
148	5#炉出水压力	MPa
149	5#炉回水压力左	MPa
150	5#炉回水压力右	MPa
151	5#炉省煤器进口水压	MPa
152	5#炉省煤器出口水压	MPa
153	4#炉炉膛出口温度左	℃
154	4#炉炉膛出口温度右	℃
155	4#炉上级对流管束后烟气温度左	℃
156	4#炉上级对流管束后烟气温度右	℃
157	4#炉下级对流管束后烟气温度左	℃
158	4#炉下级对流管束后烟气温度右	℃
159	4#炉排烟温度左	℃
160	4#炉排烟温度右	℃
161	4#炉鼓风机入口温度	℃
162	4#炉空预器出口热风风温	℃
163	4#炉出水温度	℃
164	4#炉回水温度左	℃
165	4#炉回水温度右	℃
166	4#炉后水冷壁下级集箱温度左	℃
167	4#炉后水冷壁下级集箱温度右	℃
168	4#炉省煤器进口水温	℃
169	4#炉省煤器出口水温	℃
170	5#炉炉膛出口温度左	℃
171	5#炉炉膛出口温度右	℃
172	5#炉上级对流管束后烟气温度左	℃
173	5#炉上级对流管束后烟气温度右	℃
174	5#炉下级对流管束后烟气温度左	℃
175	5#炉下级对流管束后烟气温度右	℃
176	5#炉排烟温度左	℃
177	5#炉排烟温度右	℃
178	5#炉鼓风机入口温度	℃

续表

序号	测点名称	单位
179	5#炉空预器出口热风风温	℃
180	5#炉出水温度	℃
181	5#炉回水温度左	℃
182	5#炉回水温度右	℃
183	5#炉后水冷壁下级集箱温度左	℃
184	5#炉后水冷壁下级集箱温度右	℃
185	5#炉省煤器进口水温	℃
186	5#炉省煤器出口水温	℃
187	出水总管水压	MPa
188	回水总管水压	MPa
189	自来水总管压力	MPa
190	1#炉循环水泵出口水压	MPa
191	2#炉循环水泵出口水压	MPa
192	3#炉循环水泵出口水压	MPa
193	4#炉循环水泵出口水压	MPa
194	补水总管压力	MPa
195	出水总管水温左	℃
196	出水总管水温右	℃
197	回水总管水温左	℃
198	回水总管水温右	℃
199	室外温度	℃
200	循环水总管出水流量	m³
201	磁翻板水箱液位	m
202	自动泄压阀 1 开度反馈	%
203	自动泄压阀 2 开度反馈	%

表 4-9　AO 信号

序号	测点名称	量程下限	量程上限	单位	信号类型
1	4#炉鼓风机频率给定	0	50	Hz	4~20mA
2	4#炉引风机频率给定	0	50	Hz	4~20mA
3	5#炉引风机频率给定	0	50	Hz	4~20mA
4	5#炉鼓风机频率给定	0	50	Hz	4~20mA
5	4#炉出渣机频率给定	0	50	Hz	4~20mA
6	4#炉炉排机频率给定	0	50	Hz	4~20mA
7	4#炉分层给煤机频率给定	0	50	Hz	4~20mA
8	5#炉出渣机频率给定	0	50	Hz	4~20mA

序号	测点名称	量程下限	量程上限	单位	信号类型
9	5#炉炉排机频率给定	0	50	Hz	4~20mA
10	5#炉分层给煤机频率给定	0	50	Hz	4~20mA
11	1#炉鼓风机频率给定	0	50	Hz	4~20mA
12	1#炉引风机频率给定	0	50	Hz	4~20mA
13	1#炉循环泵频率给定	0	50	Hz	4~20mA
14	2#炉循环泵频率给定	0	50	Hz	4~20mA
15	2#炉鼓风机频率给定	0	50	Hz	4~20mA
16	深井泵频率给定	0	50	Hz	4~20mA
17	补水泵频率给定	0	50	Hz	4~20mA
18	生活泵频率给定	0	50	Hz	4~20mA
19	3#炉循环泵频率给定	0	50	Hz	4~20mA
20	4#炉循环泵频率给定	0	50	Hz	4~20mA
21	3#炉鼓风机频率给定	0	50	Hz	4~20mA
22	1#炉出渣机频率给定	0	50	Hz	4~20mA
23	2#炉出渣机频率给定	0	50	Hz	4~20mA
24	3#炉出渣机频率给定	0	50	Hz	4~20mA
25	1#炉渣灰冲洗频率给定	0	50	Hz	4~20mA
26	1#炉炉排机频率给定	0	50	Hz	4~20mA
27	2#炉炉排机频率给定	0	50	Hz	4~20mA
28	3#炉炉排机频率给定	0	50	Hz	4~20mA
29	2#炉渣灰冲洗频率给定	0	50	Hz	4~20mA
30	2#炉引风机频率给定	0	50	Hz	4~20mA
31	模拟量输出备用 1				
32	模拟量输出备用 2				
33	3#炉引风机频率给定	0	100	%	4~20mA
	自动泄压阀 1 开度给定	0	100	%	4~20mA
	自动泄压阀 2 开度给定	0	100	%	4~20mA

表 4-10　RS485 通信信号

序号	测点名称	量程下限	量程上限	单位	信号类型
1	1AA1 柜 A 相电流	0	3000	A	4~20mA
2	1AA1 柜 B 相电流	0	3000	A	4~20mA
3	1AA1 柜 C 相电流	0	3000	A	4~20mA
4	1AA1 柜 AB 相电压	0	400	V	4~20mA
5	1AA1 柜 BC 相电压	0	400	V	4~20mA
6	1AA1 柜 CA 相电压	0	400	V	4~20mA

序号	测点名称	量程下限	量程上限	单位	信号类型
7	1AA1 柜运行功率			kW	4~20mA
8	1AA1 柜总计量			kW·h	4~20mA
9	2AA1 柜 A 相电流	0	3000	A	4~20mA
10	2AA1 柜 B 相电流	0	3000	A	4~20mA
11	2AA1 柜 C 相电流	0	3000	A	4~20mA
12	2AA1 柜 AB 相电压	0	400	V	4~20mA
13	2AA1 柜 BC 相电压	0	400	V	4~20mA
14	2AA1 柜 CA 相电压	0	400	V	4~20mA
15	2AA1 柜运行功率			kW	4~20mA
16	2AA1 柜总计量			kW·h	4~20mA
17	3AA1 柜 A 相电流	0	1000	A	4~20mA
18	3AA1 柜 B 相电流	0	1000	A	4~20mA
19	3AA1 柜 C 相电流	0	1000	A	4~20mA
20	3AA1 柜 AB 相电压	0	400	V	4~20mA
21	3AA1 柜 BC 相电压	0	400	V	4~20mA
22	3AA1 柜 CA 相电压	0	400	V	4~20mA
23	3AA1 柜运行功率			kW	4~20mA
24	3AA1 柜总计量			kW·h	4~20mA
25	4AA1 柜 A 相电流	0	2000	A	4~20mA
26	4AA1 柜 B 相电流	0	2000	A	4~20mA
27	4AA1 柜 C 相电流	0	2000	A	4~20mA
28	4AA1 柜 AB 相电压	0	400	V	4~20mA
29	4AA1 柜 BC 相电压	0	400	V	4~20mA
30	4AA1 柜 CA 相电压	0	400	V	4~20mA
31	4AA1 柜运行功率			kW	4~20mA
32	4AA1 柜总计量			kW·h	4~20mA
33	5AA1 柜 A 相电流	0	2000	A	4~20mA
34	5AA1 柜 B 相电流	0	2000	A	4~20mA
35	5AA1 柜 C 相电流	0	2000	A	4~20mA
36	5AA1 柜 AB 相电压	0	400	V	4~20mA
37	5AA1 柜 BC 相电压	0	400	V	4~20mA
38	5AA1 柜 CA 相电压	0	400	V	4~20mA
39	5AA1 柜运行功率			kW	4~20mA
40	5AA1 柜总计量			kW·h	4~20mA

第5章

PLC项目控制柜硬件选型与配置

5.1 系统总体设计

锅炉控制系统分为操作站和工程师站。本系统采用上位机+PLC柜+现场控制箱及就地设备仪表的控制结构。系统设PLC柜2台,前后开门。17个MCC柜,前后开门。30个现场控制箱。1个操作台,操作台配置5台工控上位机和显示屏,工控机和PLC之间通过网线连接到交换机。PLC柜增配3kVA的UPS电源,在系统断电的情况下,保证PLC供电。

PLC柜接受由MCC提供的220V交流电,经小型断路器把电源分配到6个支路给各用电设备。第1路为柜内照明、风扇和插座电源,中间3路为AC 220V供电的传感器和热量计电源,第5路为备用电源供电,第6路通过3个直流24V开关电源给CPU314、DI/DO模块、AI/AO模块提供电源。

1#PLC柜内布置一个主机架,装有CPU314和8个I/O模块、一个远程扩展机架带有1个IM153-1模块和8个I/O模块,2#PLC柜内布置3个机架,每个机架带有1个IM153-1模块和8个I/O模块,另外配有与开关量I/O点数对应的继电器及走线槽;背面布置24V直流电源和走线槽。现场控制箱有远程就地转换开关,在就地状态下,可以手动控制各个电机运行和停止。远程状态下,通过中控室上位机界面控制并显示电机和阀门状态。

5.2 PLC模块选型

(1)统计I/O点数。估算I/O点数时要考虑一定的扩展余量,通常情况下,I/O点数的估算数据为统计出的I/O点数再加10%~20%的扩展余量。

（2）估算存储器的容量。估算存储器内存容量没有统一的计算方法，综合来看，大致是以 10~15 倍的数字量 I/O 点数与 100 倍的模拟 I/O 点数之和作为内存总字数，16 位为 1 个字，在此基础上，考虑 25% 的余量。

（3）选择控制功能。控制功能有很多种，如：运算功能、通信功能、控制功能、故障诊断功能、编程功能及数据处理速度等。

① 运算功能选择。不同的 PLC 包含的运算功能也不同，例如：简易的 PLC 是最基本的，它仅能完成一些逻辑运算、统计数据和计时；而普通的 PLC 除此以外还可实现数据转移、数据对比等；比较大的 PLC 较之又增加了模拟量 PID 运算等复杂的运算功能。通信功能在目前的 PLC 中基本都具备，不同的产品的通信功能也不同，主要可以实现与下位机、同位机、上位机或企业网之间的数据通信。在设计选型时要遵循实用合理的原则，从工程需求出发，有针对性地进行选择。一般情况下，简单 PLC 的运算功能基本能满足大多数情况的要求，当系统需要对数据进行传输比对，并用来检测和控制模拟量时，便需用到代数运算、PID 运算和数据转换等功能。

② 控制功能选择。控制功能一般有前馈补偿控制运算、PID 控制运算、比值控制运算三种。PLC 的重要用途便是控制系统的顺序逻辑，一般常利用单回路、多回路控制器来控制系统模拟量，有些情况下为提升系统处理数据的速度、提高存储器容量的利用率，还会加入 PID 控制单元、ASCII 码转换单元、高速计数器等来实现所需的控制功能。

③ 通信功能选择。大部分 PLC 在实际应用时都需要与公司的管理系统网络连接，所以 PLC 系统需适用很多不同的现场总线及通信协议（如 TCP/IP 协议）。该通信协议应能满足 ISO 标准或 IEEE 通信标准。

PLC 的通信接口包含很多，如串行通信接口、并行通信接口、工业以太网、RIO 通信接口、集散控制（DCS）接口等；PLC 的通信总线在满足国际标准要求的同时，对日常维护时间也有很大影响。

④ 处理速度选择。影响 PLC 的处理速度的因素主要有三个：系统运行程序的长短、CPU 处理数据的速度、软件水平。如果 PLC 的处理速度不够快，信号无法扫描，便会导致数据丢失。

一般情况下，对于小型的 PLC 其扫描时间应小于或等于 0.5ms/K；大中型的 PLC 其扫描时间应小于 0.2ms/K。

（4）选择机型。

① PLC 的分类。如以结构划分 PLC 分为整体型、模块型两种；根据安装位置不同，PLC 又分室外安装型和室内安装型；CPU 字长有 1 位、4 位、8 位、16 位、32 位、64 位等不同类型。一般从实际使用考虑，多根据 PLC 能实现的控制功能及 I/O 点数进行选择。

整体型 PLC 的 I/O 点数是不可变的，选择空间很小，多在较小的系统中使用；模块型 PLC 可以配置不同的 I/O 扩展卡，非常便捷，常在大中型的控制系统中使用，用户可以根据实际需要进行合理选择优化配置。

② I/O 模块选择。I/O 模块应与应用要求一致。输入模块的信号电平及供电方式、信号传输距离及隔离措施等应满足实际需要。输出模块不同，类型特点也有很大差别，例如：继电器输出模块优点是成本低、可用电压范围较广，缺点是可用时间短、响应迟缓；可控硅输出模块成本高，过载能力低，比较适合开关次数多、电感性低功率因数荷载场所。

在实际选型时可根据系统要求，适当选择智能型 I/O 模块，可以提升系统的控制水平，减少系统的资金投入。

③ 电源的选择。PLC 的电源的选择主要依据便是产品的要求，一般情况下应与国内的电压相同，选择 220V AC 电源。不间断电源（UPS）及稳压电源可根据所用场所的重要程度进行选择。

当 PLC 自身配有电源时，要对电流能否符合使用要求进行核实，确定能满足使用要求时方可使用，不然就要另外配置电源。由于实际操作时可能会误将高压电源接入 PLC，因此需利用二极管、熔丝管等元件将 I/O 信号分隔开。

④ 存储器的选择。在实际应用中，为使工程得以顺利投产，PLC 的存储器容量一般按每 256 个 I/O 点选择至少 8K 存储器确定。

PLC 控制系统设计时，应了解被控对象的工艺流程特点，掌握被控对象的应用要求，选择适合的机型，确定控制方案。PLC 是为完成某些控制功能所研究的模块化、标准化的集成组件，其依据的原则是容易与工控系统形成一个整体，方便其功能进行扩充。PLC 应选择技术成熟、性能稳定、有应用实例的系统，其系统的软硬件配置及功能应能满足 PLC 控制系统的规模及工艺控制需求。在设计控制系统前，要熟悉 PLC 系统功能表及相关的编程语言，可以缩短编程所用时间。在对 PLC 控制系统进行设计时，要先对工艺流程及系统的控制要求进行仔细分析，确定需实现哪些控制功能以及实现这些功能需要哪些动作，依据控制系统要求，对 I/O 点数进行估算，确定存储器的需用容量、PLC 的功能，配备相应的外接设备等，根据经济性原则，选用性价比较高者，并对其控制系统进行设计。

⑤ 经济性的考虑。对于 PLC 的选择，经济性是一个首要条件，但同时也要考虑日后生产的扩容、调整等，因此，PLC 在兼具经济性的同时也要满足可扩展、易操作等要求，综合对比，选择适合的 PLC 产品。

I/O 点数是 PLC 价格的一个直接影响因素，增加相应卡板便会提高其造价，如果 I/O 点数超过一定值时，其他的配套设备如存储器、母板、机架等也应随之增设。由此可见，在进行 I/O 点数估算和选择时要综合考虑，力争系统的整体性价比最高。

S7-300 是一种通用型的 PLC，能适合自动化工程中的各种应用场合，尤其是在生产制造工程中的应用。模块化、无风扇结构、易于实现分布式配置等特点，使 S7-300 在各种工业领域中实施各种控制任务时，成为一种既经济又切合实际的解决方案。S7-300 的大量功能能够支持和帮助用户进行编程、启动和维护。

S7-300 系列 PLC 是模块化结构设计，各种单独模块之间可进行广泛组合和扩展。它的主要组成部分有导轨（RACK）、电源模块（PS）、中央处理单元模块（CPU）、接口模块（IM）、信号模块（SM）、功能模块（FM）等。根据应用对象的不同，可选用不同型号和不同数量的模块，并可以将这些模块安装在同一机架或多个机架上。除了电源模块、CPU 模块和接口模块外，一个机架上最多只能再安装 8 个信号模块或功能模块。

根据控制点数和响应速度的要求，本项目 CPU 模块选用 314C-2 PN/DP，本系统中 CPU 机架为主机架，主机架带有数字量输入、数字量输出、模拟量输入、模拟量输出模块。该系统还有 4 个扩展机架，以接口模块 IM153-1 提供的 DP 接口挂到 PROFIBUS-DP 的通信网络上。表 5-1 为 PLC 模块配置表。其中 RS485 信号通过数据采集器直接与上位机相连。

表 5-1　PLC 模块配置表

24V 电源	CPU	通信接口模块	DI	DO	AI	AO	RS485
PS307	314C-2 PN/DP	IM153（每个带 8 个模块）	155	53	202	33	40
2 个	1 个 （DI24+DO16+AI5+AO2）	4 个	32*5	16*3	8*28	8*4	通信到上位机

5.3　PLC 控制柜

表 5-2 为 PLC 柜硬件清单，图 5-1 为 1#PLC 柜布置图，图 5-2 为 1#PLC 柜实物图。图 5-3 为 2#PLC 柜布置图，图 5-4 为 2#PLC 柜实物图。正确的硬件安装是系统正常工作的前提，要严格按照电气安装规范安装。在安装导轨时，应留有足够的空间用于安装模板和散热（模板上下至少应有 40mm 的空间，左右至少应有 20mm 空间）；在安装表面画安装孔。把保护地连到导轨上（通过保护地螺丝，导线的最小截面积为 10mm^2）。应注意，在导轨和安装表面（接地金属板或设备安装板）之间会产生一个低阻抗连接。如果在表面涂漆或者经阳极氧化处理，应使用合适的接触剂或接触垫片。

在安装时，应尽可能使 PLC 的各功能模块远离产生高电子噪声的设备（如变频器），以及产生高热量的设备，而且模块的周围应留出一定的空间，以便于正常散热。

一般情况下，模块的上方和下方至少要留出 25mm 的空间，模块前面板与底板之间至少要留出 75mm 的空间。

（1）将动力线、控制线、信号线严格分开，以防止它们之间的相互干扰。

（2）PLC 的输入线应尽可能远离输出线、高压线及用电设备。开关量和模拟量也要分开敷设。敷设模拟量信号所使用的双层屏蔽电缆时，屏蔽层应一端接地。

表 5-2 PLC 控制柜硬件清单

名称	型号	单位	数量
PLC 机柜	威图柜	台	2
机柜安装导轨	530mm	块	5
CPU 模块	314C-2 PN/DP	块	1
512k 存储卡	953	块	1
电源模块	PS307/5A	块	2
分布式模块	153-1	块	4
数字量输入模块	321-32DI	块	5
数字量输出模块	322-16DO	块	3
模拟量输入模块	331-8AI	块	28
模拟量输出模块	332-8AO	块	4
总线连接器	90 度无编程口	块	5
DP 电缆		m	10
开关电源	DR-240/24 10A	块	1
继电器	施耐德	套	64
二次端子	UK2.5N	个	1000
空开	DZ47-60 2P（10A 和 6A）	个	7
插座	三孔插座 10A	个	2
指示灯	AD15-22	个	2

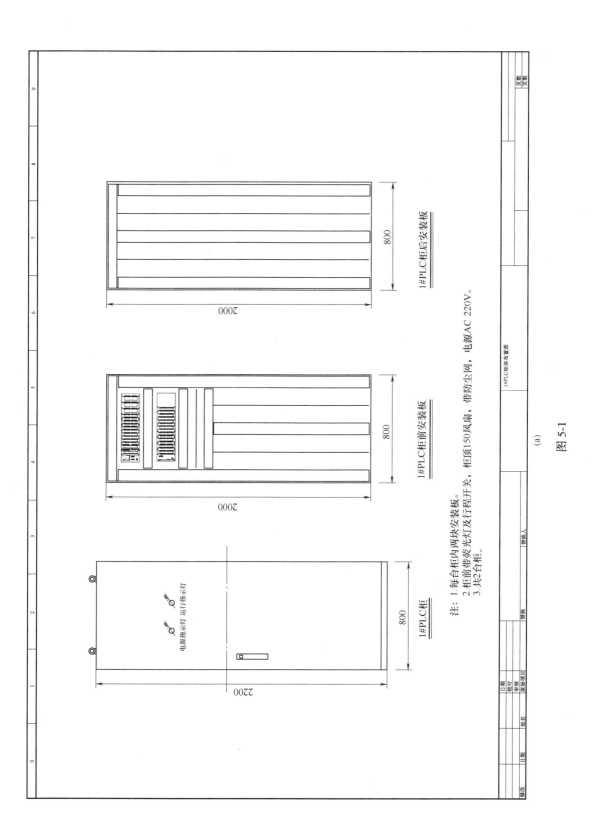

1#PLC柜后安装板

1#PLC柜前安装板

1#PLC柜

电源指示灯　运行指示灯

注：1.每台柜内两块安装板。
2.柜前带荧光灯及行程开关，柜顶150风扇，带防尘网，电源AC 220V。
3.共2台柜。

1#PLC柜体布置图

图 5-1

(a)

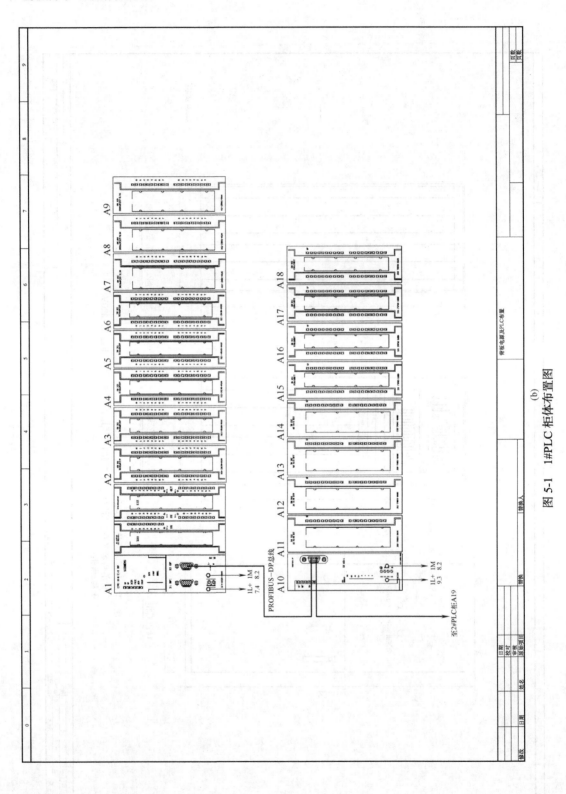

(b)

图 5-1　1#PLC 柜体布置图

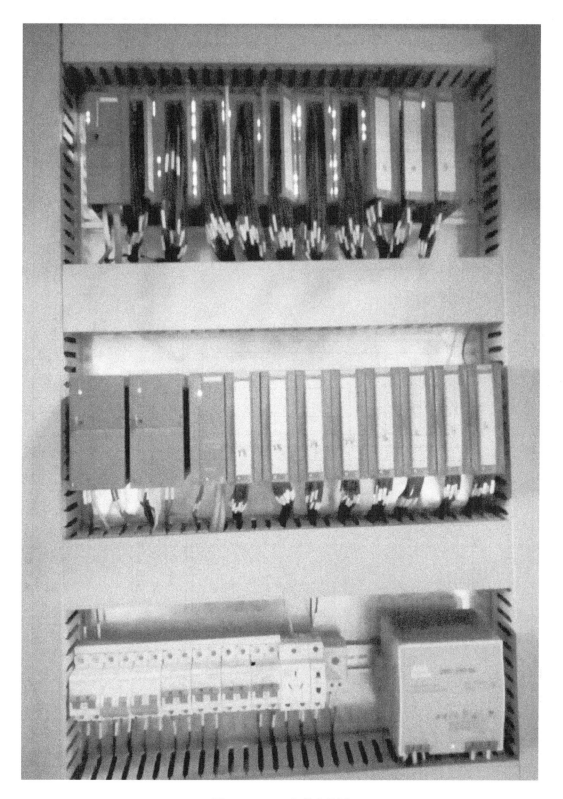

图 5-2　1#PLC 柜体实物图

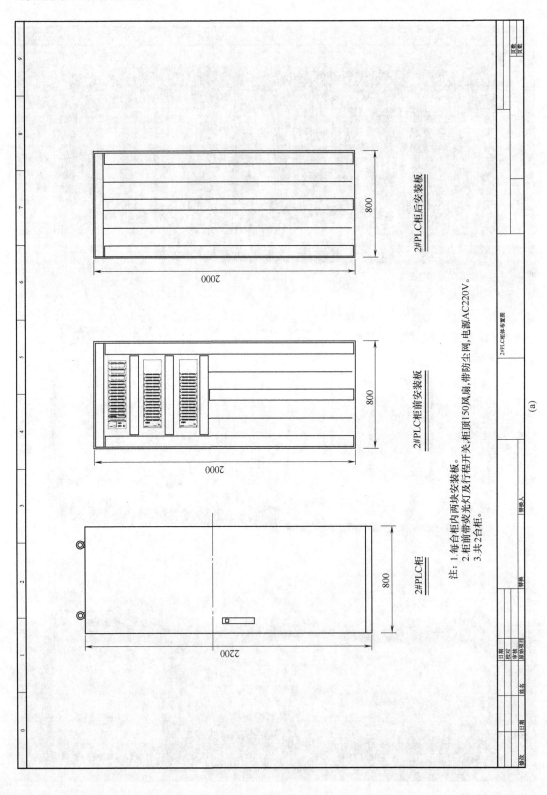

2#PLC柜后安装板

2#PLC柜前安装板

2#PLC柜

注：1. 每台柜内两块安装板。
2. 柜前带荧光灯及行程开关,柜顶150风扇,带防尘网,电源AC220V。
3. 共2台柜。

(a)

2#PLC柜体布置图

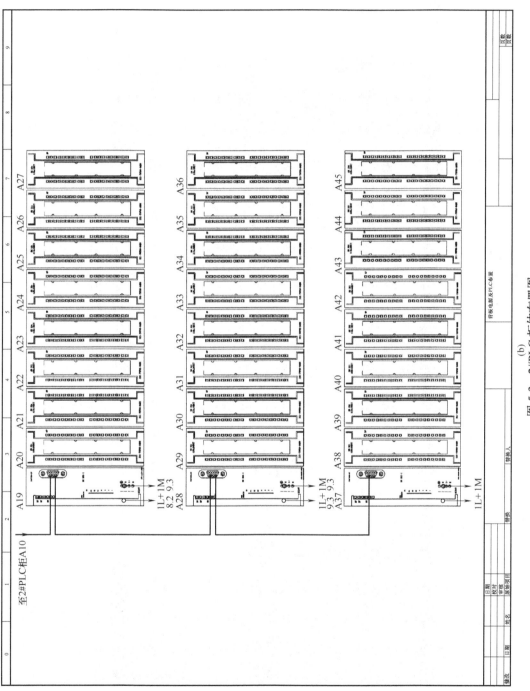

(b)

图 5-3　2#PLC 柜体布置图

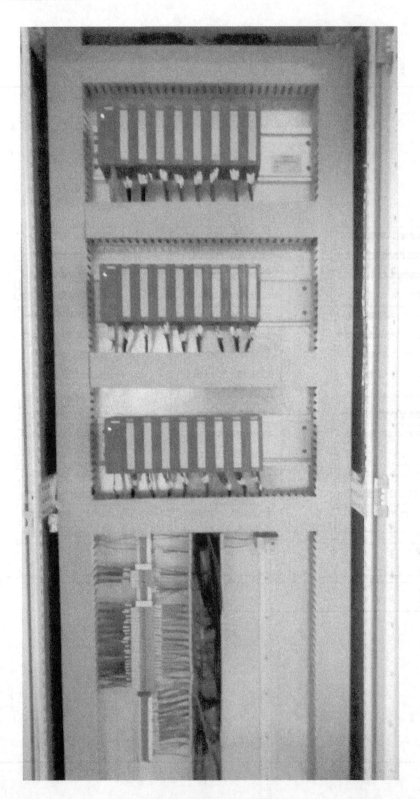

图 5-4   2#PLC 柜体实物图

第6章

PLC项目模块接线

PLC系统模块配置好后，还要设计出系统其他部分的电气原理图，包括主电路和未进入PLC的控制电路以及PLC的I/O模块接线图，并按照图完成电气柜和PLC柜的安装与接线。本章所述为项目中PLC柜的主要接线图，包括电源分配、PLC的部分DI、DO、AI、AO模块接线。

6.1 电源分配

电源分配图如图6-1、图6-2所示。

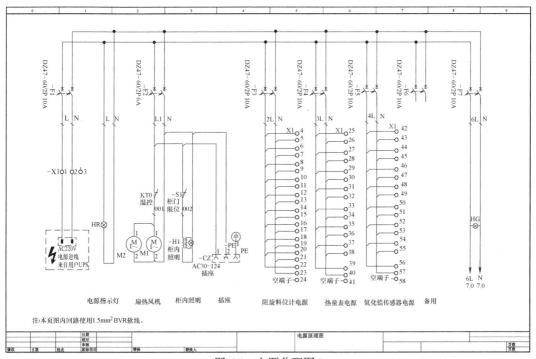

图 6-1　电源分配图 1

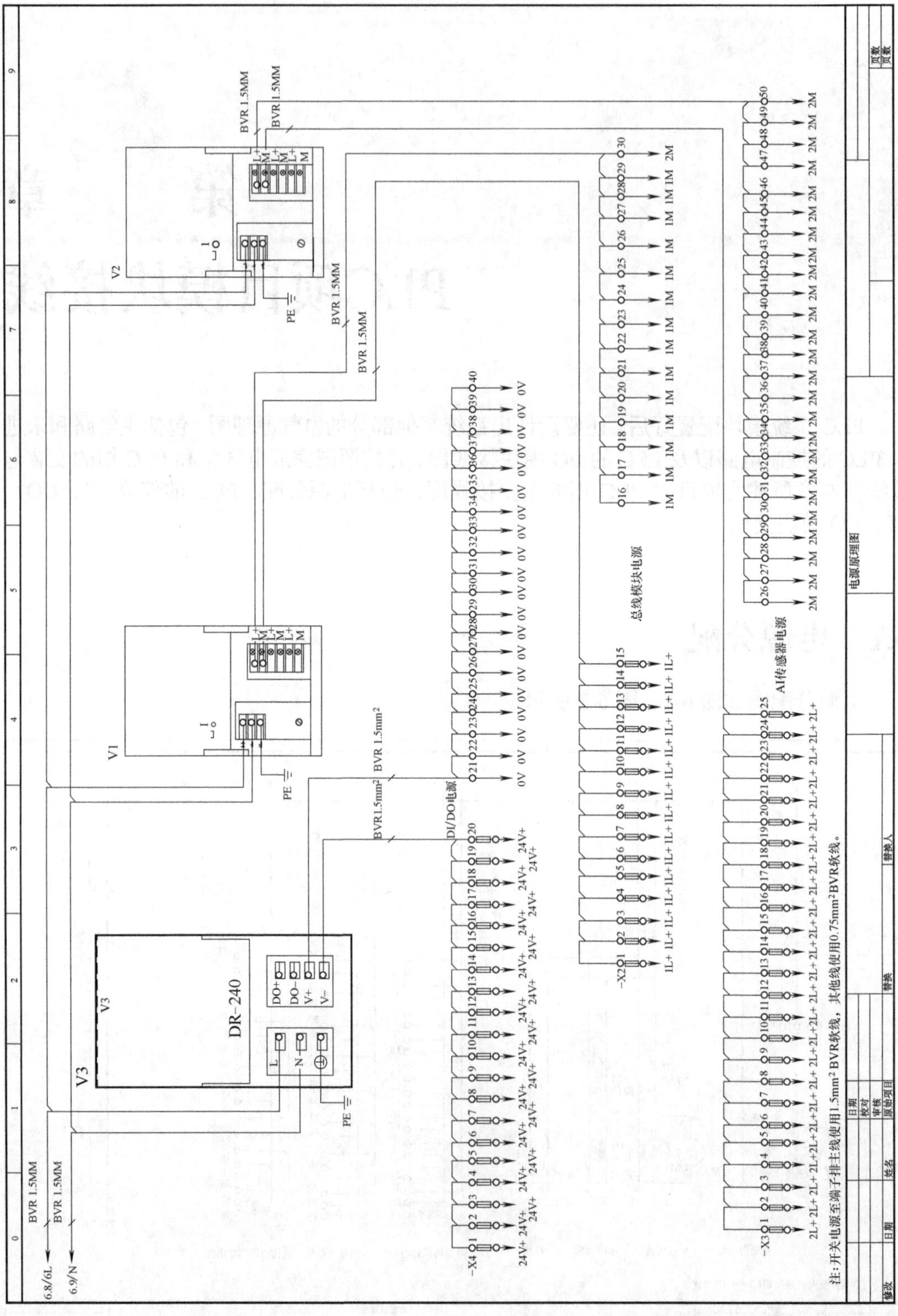

图 6-2 电源分配图 2

6.2　PLC 模块接线

PLC 模块接线如图 6-3~图 6-19 所示。

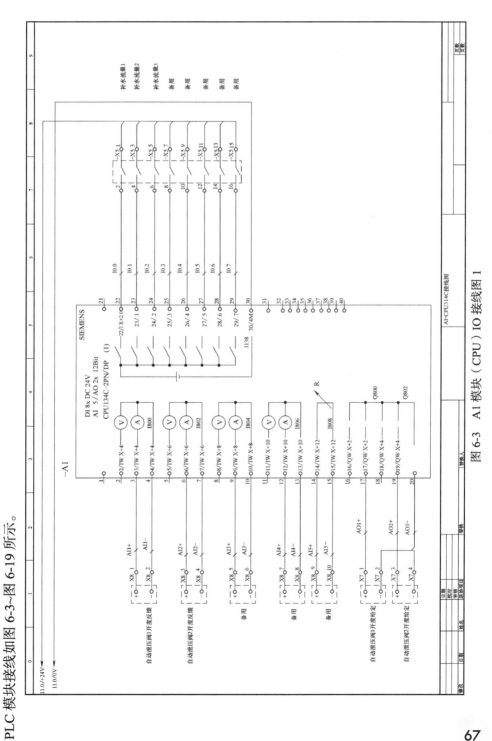

图 6-3　A1 模块（CPU）IO 接线图 1

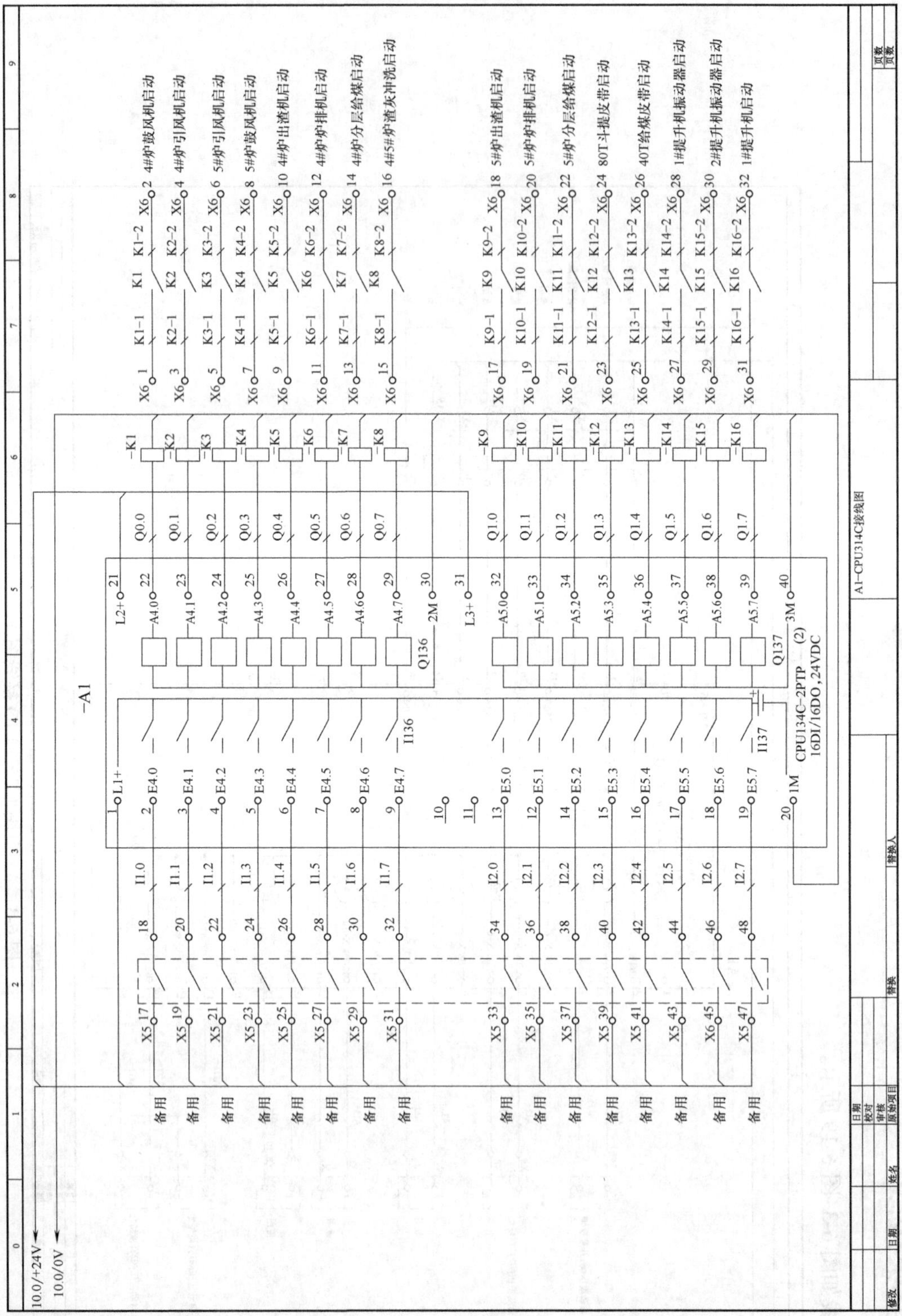

图 6-4 A1 模块（CPU）接线图 2

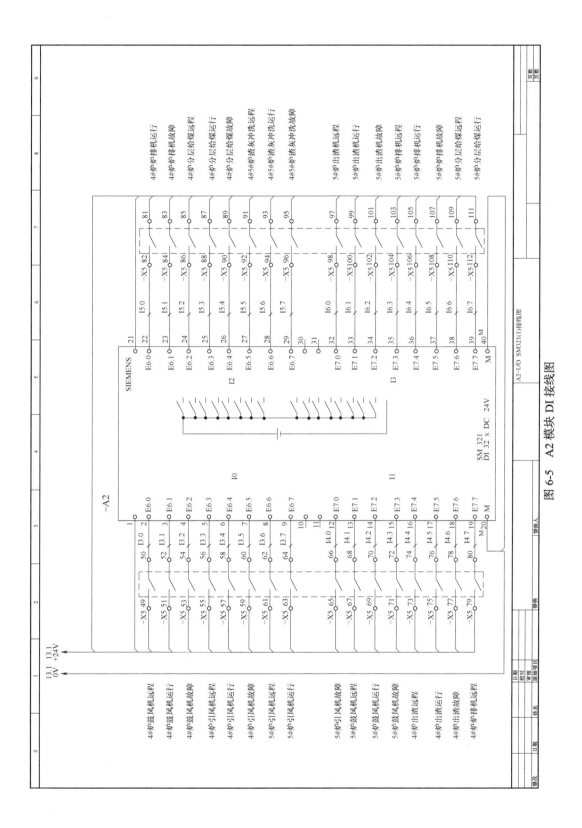

图 6-5 A2 模块 DI 接线图

图 6-6 A3 模块 DI 接线图

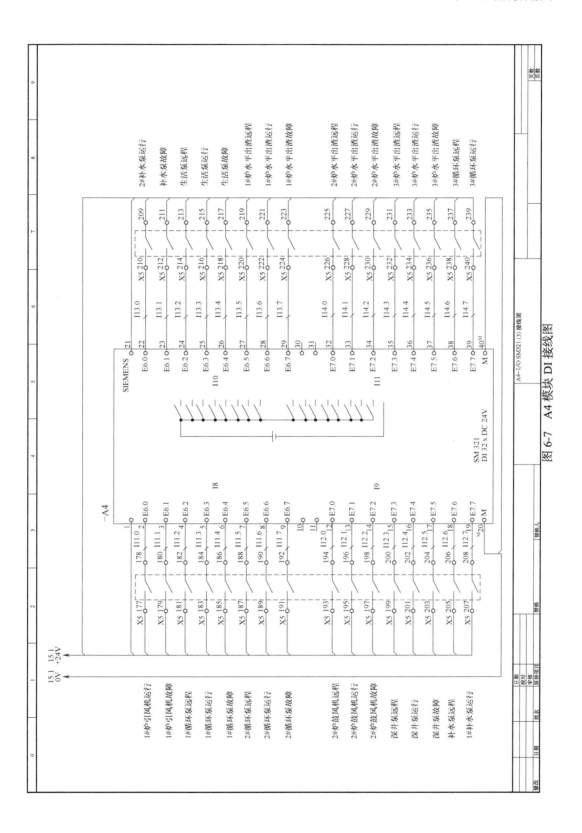

图 6-7　A4 模块 DI 接线图

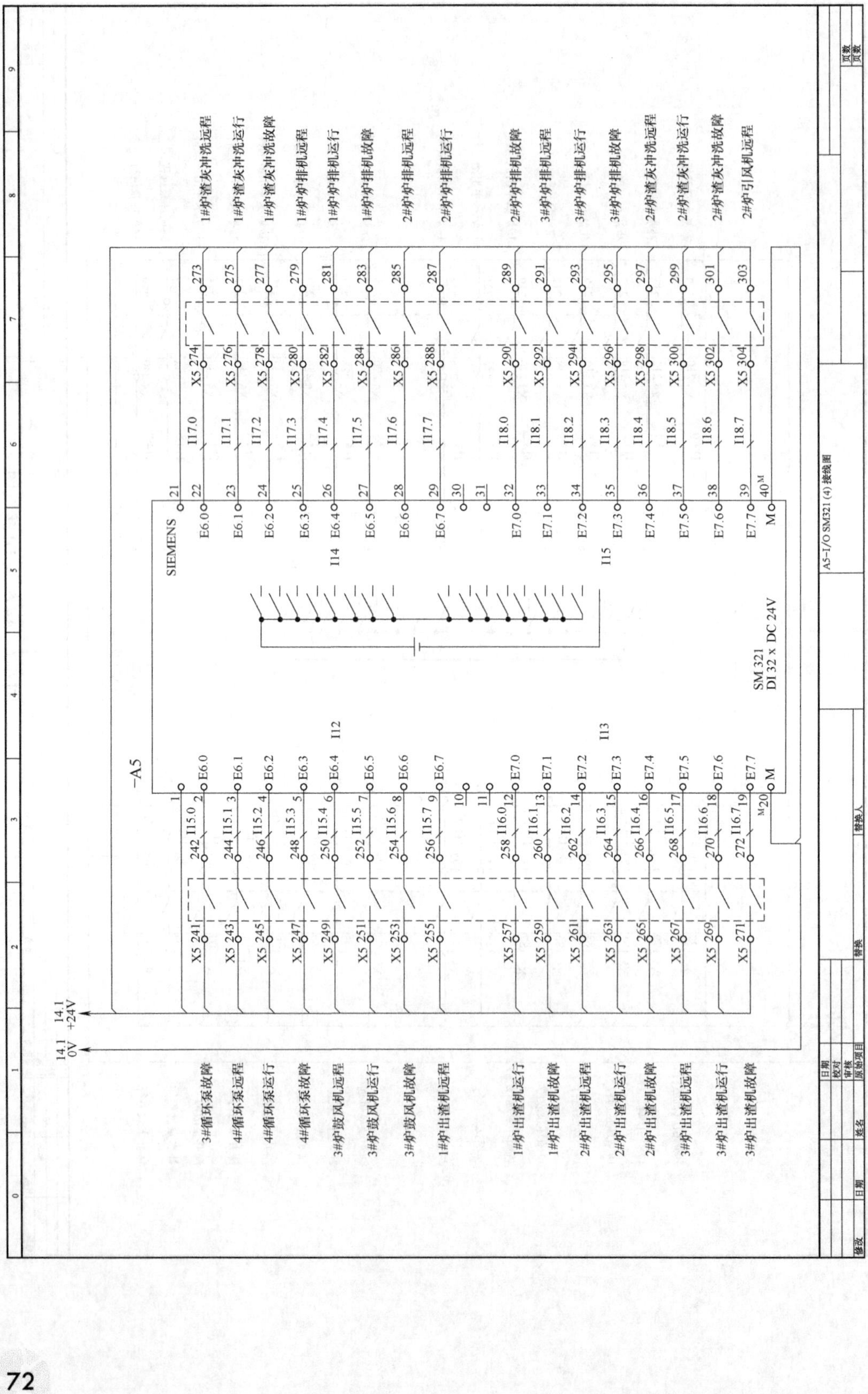

图 6-8　A5 模块 DI 接线图

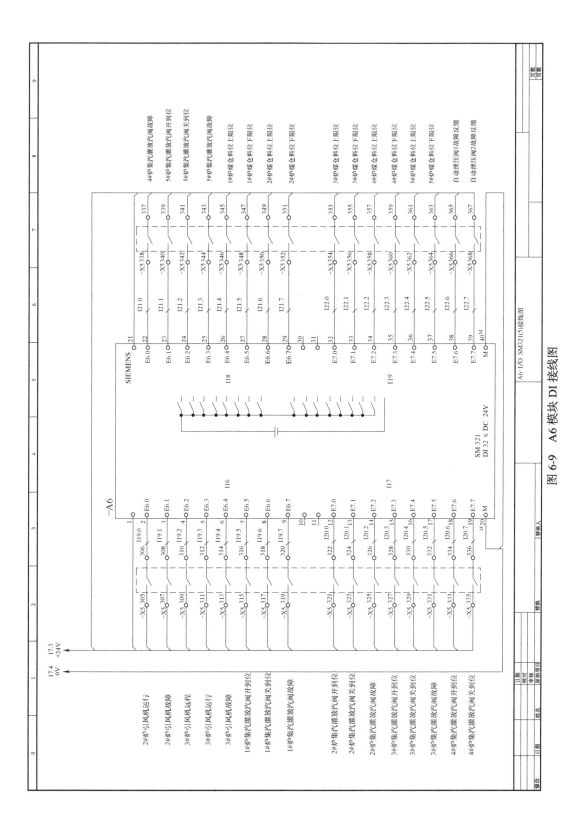

图 6-9　A6 模块 DI 接线图

73

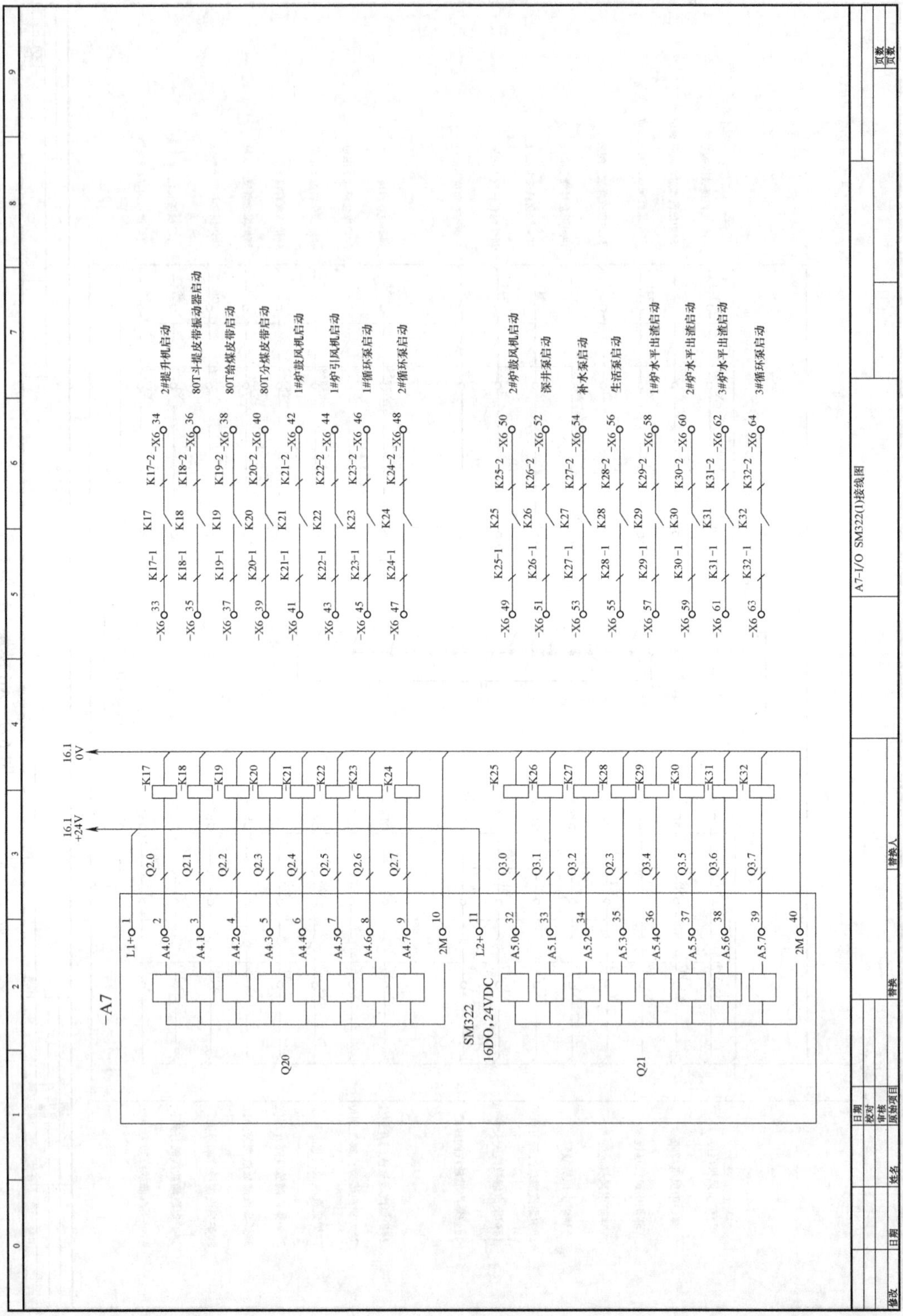

图 6-10　A7 模块 DO 接线图

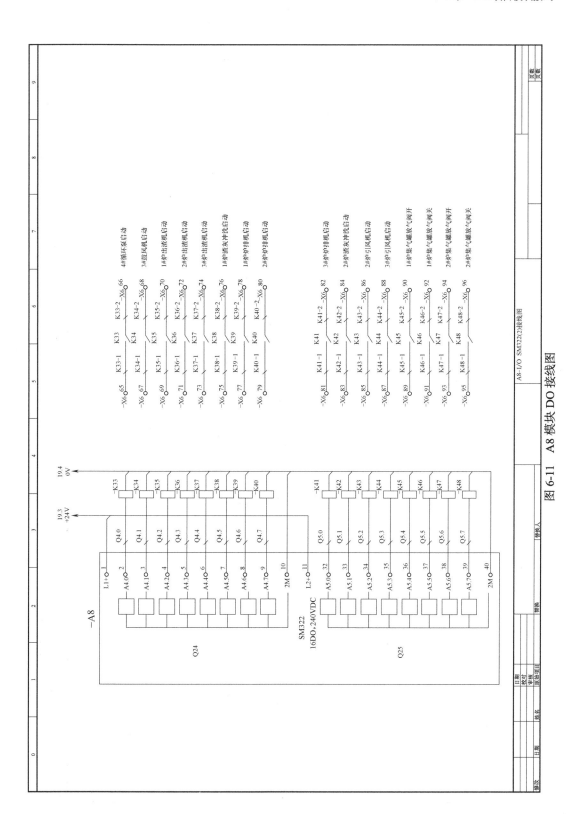

图 6-11　A8 模块 DO 接线图

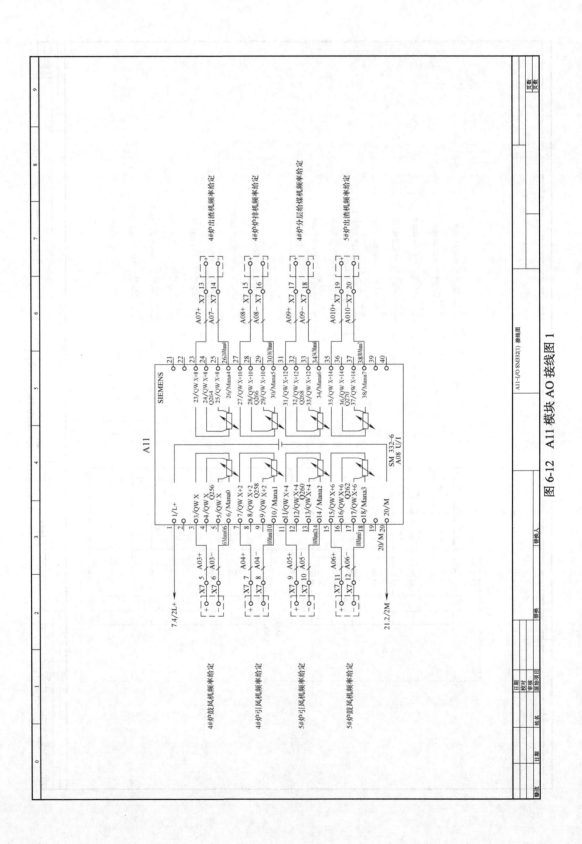

图 6-12　A11 模块 AO 接线图 1

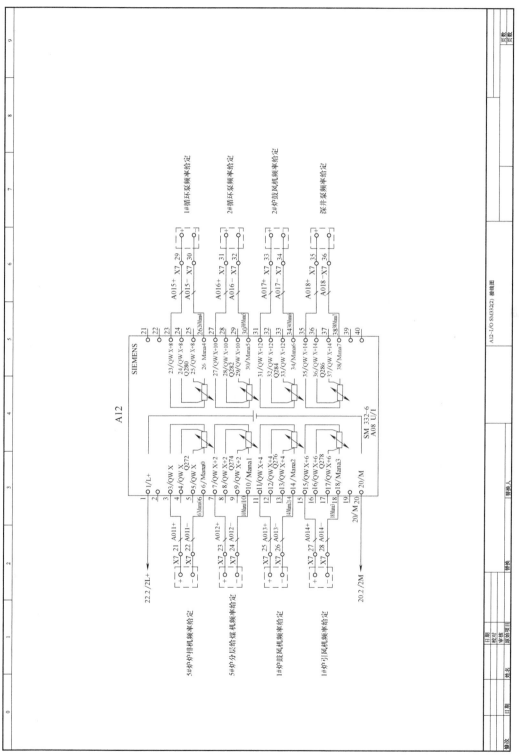

图 6-13　A12 模块 AO 接线图 1

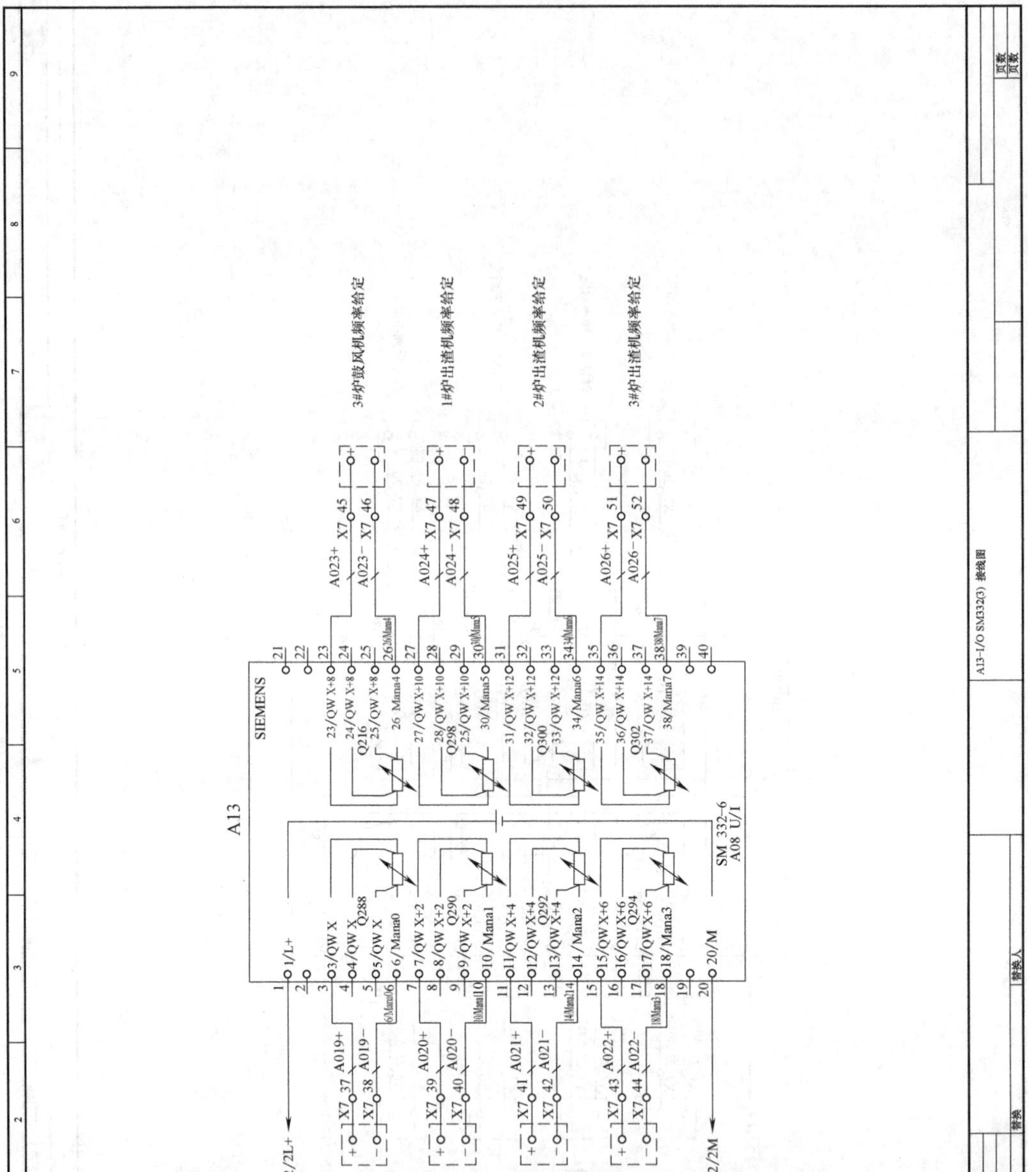

图 6-14 A13 模块 AO 接线图 1

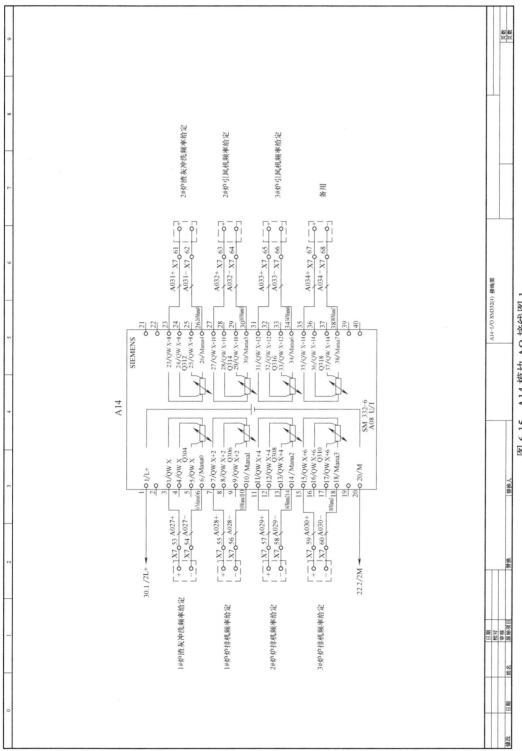

图 6-15　A14 模块 AO 接线图 1

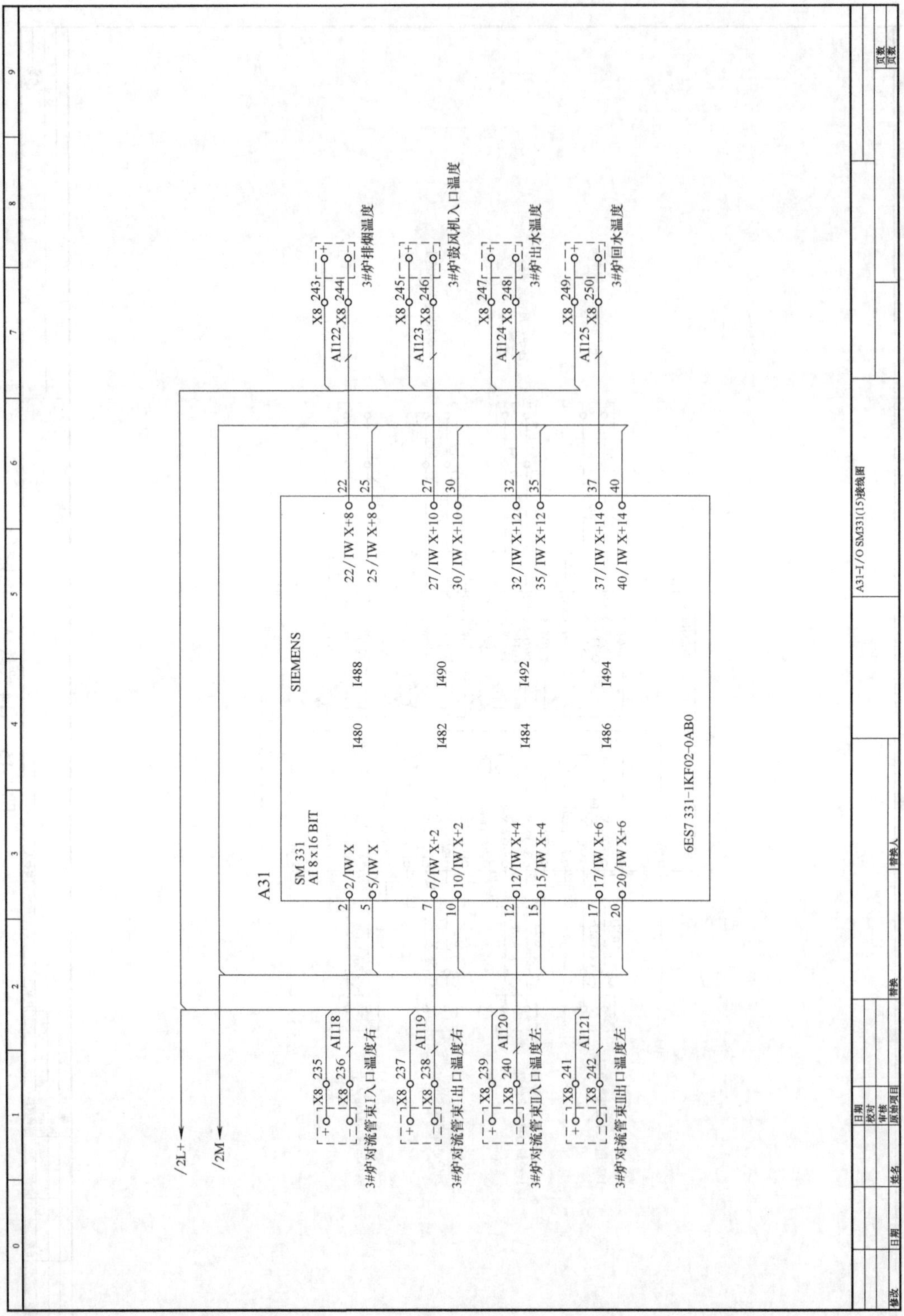

图 6-16 A31 模块 AI 接线图 1

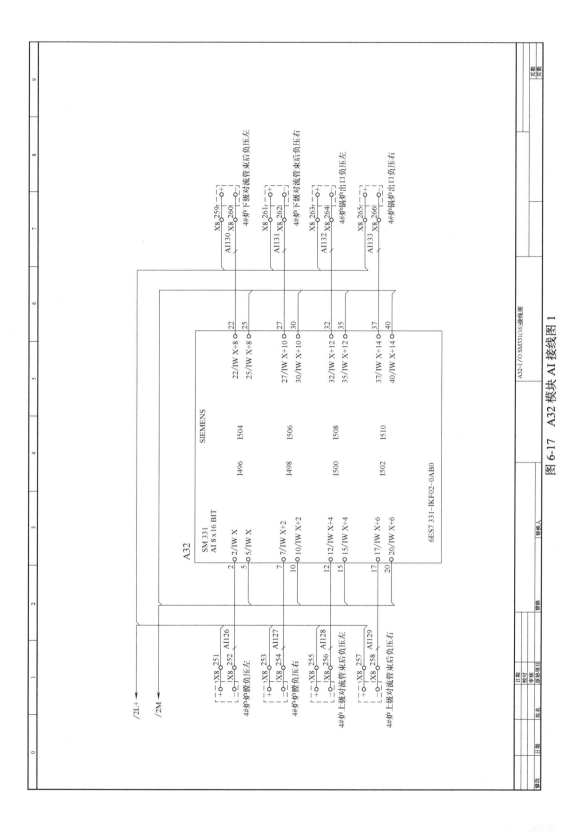

图 6-17　A32 模块 AI 接线图 1

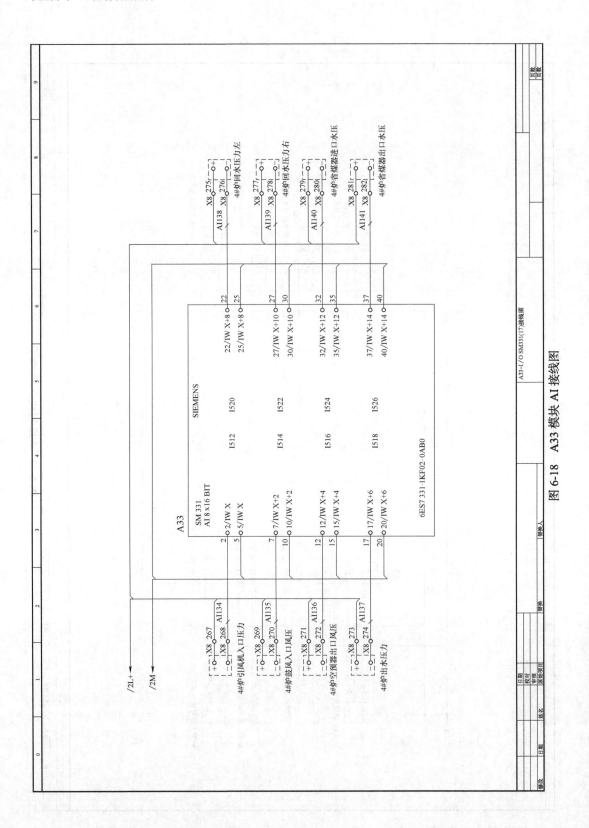

图 6-18　A33 模块 AI 接线图

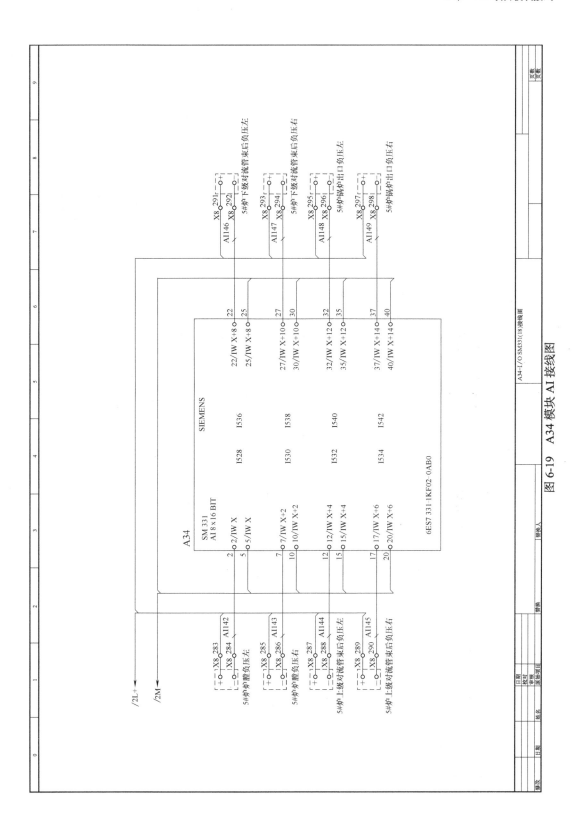

图 6-19　A34 模块 AI 接线图

第7章
PLC项目编程及上位机控制

在项目实施工程中，PLC 柜的安装与 PLC 程序编写工作可以同时并列进行。本项目的 PLC 程序编写是在 STEP7 编程软件中完成的。根据系统的控制要求，采用合适的设计方法来设计 PLC 程序。程序要以满足系统控制要求为主，逐一编写实现各控制功能或各子任务的程序，逐步完善系统指定的功能。除此之外，程序通常还应包括以下内容：

（1）初始化程序。在 PLC 上电后，一般都要做一些初始化的操作，避免上电后系统发生误动作。初始化程序的主要内容有：对某些数据区、计数器等进行清零，对某些数据区所需数据进行恢复，对某些继电器进行置位或复位，对某些初始状态进行显示等。

（2）检测、故障诊断和显示等程序。这些程序相对独立，一般在主体程序设计基本完成后再添加。

（3）保护和联锁程序。保护和联锁是程序中不可缺少的部分，必须认真加以考虑。它可以避免由于非法操作而引起的控制逻辑混乱。

（4）程序设计尽可能按照工艺段分功能独立设计，做到层次分明，逻辑清晰。

（5）程序符号表定义尽可能统一标识前缀，方便调用和修改。

（6）一些程序注释。

7.1 编程步骤

采用 STEP 7 编程软件编程。编程一般步骤：

（1）建立项目；

（2）硬件组态及通信组态；

（3）定义符号变量；

（4）程序块编程。

7.1.1　建立项目

创建"锅炉自动化系统"项目，项目创建过程如下：新建项目，在【名称】一栏中输入项目名称字母【GLZDH】，创建名称后，在名称部位点击右键重命名，改为中文名【锅炉自动化系统】，在项目左边栏目【锅炉自动化系统】，双击【SIMATIC 300】，然后点击【硬件】，在右侧选择机架【RACK300】，在 2#槽位置点击鼠标右键，【插入对象】【CPU314-2PN/DP】，修改 IP 地址，这里设置值为【192.168.1.5】，子网掩码【255.255.255.0】，然后点确定。

7.1.2　硬件组态及通信组态

在已建立的"锅炉监控系统"项目中，通过【插入】菜单，插入站后，对每台站进行硬件组态配置。硬件组态是将 CPU 及 I/O 信号模块、通信模块等模块安装在机架的相应位置上，并对模块变量进行设置的过程。图 7-1~图 7-5 为本项目硬件组态图。PROFIBUS 总线通信，通信组态时，传输速率选择 1.5Mbps，CPU314-2PN/DP 通信地址设置为 1，153-1 通信地址依次设置为 3、4、5、6。

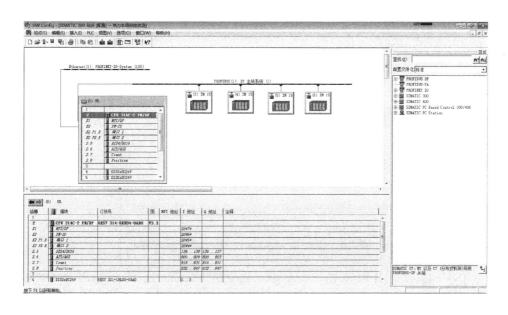

图 7-1　硬件组态 1

7.1.3　定义符号变量

程序 DB 块部分数据变量定义如表 7-1~表 7-4 所示。

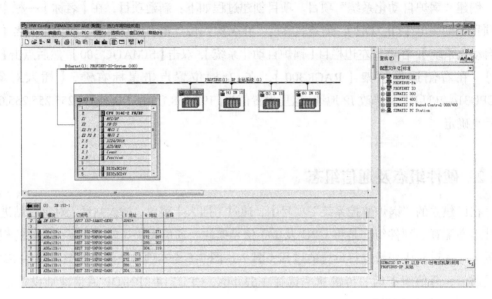

图 7-2   硬件组态 2

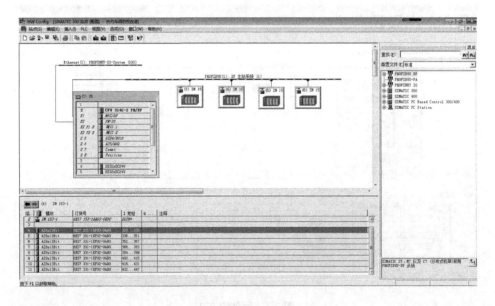

图 7-3   硬件组态 3

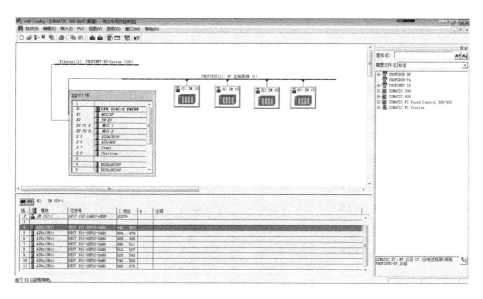

图 7-4　硬件组态 4

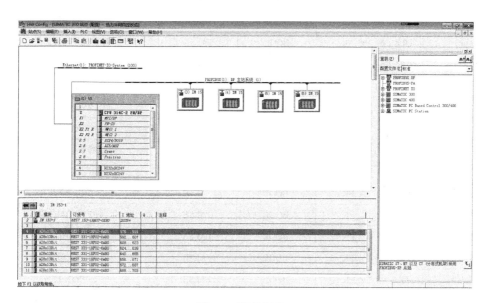

图 7-5　硬件组态 5

表 7-1　DB1 部分数据变量定义

地址	名称	类型	初始值	注释
+0.0	GL4_GF_YC_FK	BOOL	FALSE	4#炉鼓风机远程
+0.1	GL4_GF_YX_FK	BOOL	FALSE	4#炉鼓风机运行
+0.2	GL4_GF_GZ_FK	BOOL	FALSE	4#炉鼓风机故障
+0.3	GL4_YF_YC_FK	BOOL	FALSE	4#炉引风机远程
+0.4	GL4_YF_YX_FK	BOOL	FALSE	4#炉引风机运行

地址	名称	类型	初始值	注释
+0.5	GL4_YF_GZ_FK	BOOL	FALSE	4#炉引风机故障
+0.6	GL5_YF_YC_FK	BOOL	FALSE	5#炉引风机远程
+0.7	GL5_YF_YX_FK	BOOL	FALSE	5#炉引风机运行
+1.0	GL5_YF_GZ_FK	BOOL	FALSE	5#炉引风机故障
+1.1	GL5_GF_YC_FK	BOOL	FALSE	5#炉鼓风机远程
+1.2	GL5_GF_YX_FK	BOOL	FALSE	5#炉鼓风机运行
+1.3	GL5_GF_GZ_FK	BOOL	FALSE	5#炉鼓风机故障
+1.4	GL4_CZ_YC_FK	BOOL	FALSE	4#炉出渣远程
+1.5	GL4_CZ_YX_FK	BOOL	FALSE	4#炉出渣运行
+1.6	GL4_CZ_GZ_FK	BOOL	FALSE	4#炉出渣故障
+1.7	GL4_LP_YC_FK	BOOL	FALSE	4#炉炉排机远程
+2.0	GL4_LP_YX_FK	BOOL	FALSE	4#炉炉排机运行
+2.1	GL4_LP_GZ_FK	BOOL	FALSE	4#炉炉排机故障
+2.2	GL4_GM_YC_FK	BOOL	FALSE	4#炉分层给煤远程
+2.3	GL4_GM_YX_FK	BOOL	FALSE	4#炉分层给煤运行
+2.4	GL4_GM_GZ_FK	BOOL	FALSE	4#炉分层给煤故障
+2.5	GL4_5ZH_YC_FK	BOOL	FALSE	4#5#炉渣灰冲洗远程
+2.6	GL4_5ZH_YX_FK	BOOL	FALSE	4#5#炉渣灰冲洗运行
+2.7	GL4_5ZH_GZ_FK	BOOL	FALSE	4#5#炉渣灰冲洗故障
+3.0	GL5_CZ_YC_FK	BOOL	FALSE	5#炉出渣机远程
+3.1	GL5_CZ_YX_FK	BOOL	FALSE	5#炉出渣机运行
+3.2	GL5_CZ_GZ_FK	BOOL	FALSE	5#炉出渣机故障
+3.3	GL5_LP_YC_FK	BOOL	FALSE	5#炉炉排机远程
+3.4	GL5_LP_YX_FK	BOOL	FALSE	5#炉排机运行
+3.5	GL5_LP_GZ_FK	BOOL	FALSE	5#炉排机故障
+3.6	GL5_GM_YC_FK	BOOL	FALSE	5#炉分层给煤远程
+3.7	GL5_GM_YX_FK	BOOL	FALSE	5#炉分层给煤运行

表 7-2 DB2 部分数据变量定义

地址	名称	类型	初始值	注释
+0.0	GY_TS2_Q	BOOL	FALSE	2#提升机启动
+0.1	GY_80TDTPDZDQ_Q	BOOL	FALSE	80T 斗提皮带振动器启动
+0.2	GY_80TGMPD_Q	BOOL	FALSE	80T 给煤皮带启动
+0.3	GY_80TFMPD_Q	BOOL	FALSE	80T 分煤皮带启动
+0.4	GL1_GF_Q	BOOL	FALSE	1#炉鼓风机启动

续表

地址	名称	类型	初始值	注释
+0.5	GL1_YF_Q	BOOL	FALSE	1#炉引风机启动
+0.6	GY_XHB1_Q	BOOL	FALSE	1#循环泵启动
+0.7	GY_XHB2_Q	BOOL	FALSE	2#循环泵启动
+1.0	GL2_GF_Q	BOOL	FALSE	2#炉鼓风机启动
+1.1	GY_SJB_Q	BOOL	FALSE	深井泵启动
+1.2	GY_BS_Q	BOOL	FALSE	补水泵启动
+1.3	GY_SHB_Q	BOOL	FALSE	生活泵启动
+1.4	GL1_SPCZ_Q	BOOL	FALSE	1#炉水平出渣启动
+1.5	GL2_SPCZ_Q	BOOL	FALSE	2#炉水平出渣启动
+1.6	GL3_SPCZ_Q	BOOL	FALSE	3#炉水平出渣启动
+1.7	GY_XHB3_Q	BOOL	FALSE	3#炉循环泵启动
+2.0	GY_XHB4_Q	BOOL	FALSE	4#炉循环泵启动
+2.1	GL3_GF_Q	BOOL	FALSE	3#炉鼓风机启动
+2.2	GL1_CZ_Q	BOOL	FALSE	1#炉出渣机启动
+2.3	GL2_CZ_Q	BOOL	FALSE	2#炉出渣机启动
+2.4	GL3_CZ_Q	BOOL	FALSE	3#炉出渣机启动
+2.5	GL1_ZHCX_Q	BOOL	FALSE	1#炉渣灰冲洗启动
+2.6	GL1_LP_Q	BOOL	FALSE	1#炉炉排机启动
+2.7	GL2_LP_Q	BOOL	FALSE	2#炉炉排机启动
+3.0	GL3_LP_Q	BOOL	FALSE	3#炉炉排机启动
+3.1	GL2_ZHCX_Q	BOOL	FALSE	2#炉渣灰冲洗启动
+3.2	GL2_YF_Q	BOOL	FALSE	2#炉引风机启动
+3.3	GL3_YF_Q	BOOL	FALSE	3#炉引风机启动
+3.4	GL1_JQGFQF_K	BOOL	FALSE	1#炉集气罐放气阀开
+3.5	GL1_JQGFQF_G	BOOL	FALSE	1#炉集气罐放气阀关
+3.6	GL2_JQGFQF_K	BOOL	FALSE	2#炉集气罐放气阀开
+3.7	GL2_JQGFQF_G	BOOL	FALSE	2#炉集气罐放气阀关

表 7-3 DB3 部分数据变量定义

地址	名称	类型	初始值	注释
+0.0	GL4_GF_HZ_FK	REAL	0	4#炉鼓风机频率反馈
+4.0	GL4_YF_HZ_FK	REAL	0	4#炉引风机频率反馈
+8.0	GL5_YF_HZ_FK	REAL	0	5#炉引风机频率反馈
+12.0	GL5_GF_HZ_FK	REAL	0	5#鼓风机频率反馈
+17.0	GL4_CZ_HZ_FK	REAL	0	4#出渣机频率反馈

地址	名称	类型	初始值	注释
+20.0	GL4_LP_HZ_FK	REAL	0	4#炉排机频率反馈
+24.0	GL4_FCGM_HZ_FK	REAL	0	4#分层给煤机频率反馈
+28.0	GL5_CZ_HZ_FK	REAL	0	5#出渣机频率反馈
+32.0	GL5_LP_HZ_FK	REAL	0	5#炉排机频率反馈
+37.0	GL5_FCGM_HZ_FK	REAL	0	5#分层给煤机频率反馈
+40.0	GL1_GF_HZ_FK	REAL	0	1#鼓风机频率反馈
+44.0	GL1_YF_HZ_FK	REAL	0	1#引风机频率反馈
+48.0	GY_XHB1_HZ_FK	REAL	0	1#循环泵频率反馈
+52.0	GY_XHB2_HZ_FK	REAL	0	2#循环泵频率反馈
+57.0	GL2_GF_HZ_FK	REAL	0	2#鼓风机频率反馈
+60.0	GY_SJB_FK	REAL	0	深井泵频率反馈
+64.0	GY_BSB_FK	REAL	0	补水泵频率反馈
+68.0	GY_SHB_FK	REAL	0	生活泵频率反馈
+72.0	GY_XHB3_HZ_FK	REAL	0	3#循环泵频率反馈
+77.0	GY_XHB4_HZ_FK	REAL	0	4#循环泵频率反馈
+80.0	GL3_GF_HZ_FK	REAL	0	3#鼓风机频率反馈
+84.0	GL1_CZ_HZ_FK	REAL	0	1#出渣机频率反馈
+88.0	GL2_CZ_HZ_FK	REAL	0	2#出渣机频率反馈
+92.0	GL3_CZ_HZ_FK	REAL	0	3#出渣机频率反馈
+97.0	GY_ZHCX1_HZ_FK	REAL	0	1#渣灰冲洗频率反馈
+100.0	GL1_LP_HZ_FK	REAL	0	1#炉炉排机频率反馈
+104.0	GL2_LP_HZ_FK	REAL	0	2#炉炉排机频率反馈
+108.0	GL3_LP_HZ_FK	REAL	0	3#炉炉排机频率反馈
+112.0	GY_ZHCX2_HZ_FK	REAL	0	2#渣灰冲洗频率反馈
+117.0	GL2_YF_HZ_FK	REAL	0	2#引风机频率反馈
+120.0	GL3_YF_HZ_FK	REAL	0	3#引风机频率反馈
+124.0	GL1_LT_HY_FK	REAL	0	1#炉膛出口烟气含氧量
+128.0	GL2_LT_HY_FK	REAL	0	2#炉膛出口烟气含氧量

表 7-4 DB4 部分数据变量定义

地址	名称	类型	初始值	注释
+0.0	GL4_GF_HZ_GD	REAL	0	//4#炉鼓风机频率给定
+4.0	GL4_YF_HZ_GD	REAL	0	//4#炉引风机频率给定
+8.0	GL5_GF_HZ_GD	REAL	0	//5#炉引风机频率给定
+12.0	GL5_YF_HZ_GD	REAL	0	//5#炉鼓风机频率给定

地址	名称	类型	初始值	注释
+17.0	GL4_CZ_HZ_GD	REAL	0	//4#炉出渣机频率给定
+20.0	GL4_LP_HZ_GD	REAL	0	//4#炉炉排机频率给定
+24.0	GL4_FCGM_HZ_GD	REAL	0	//4#炉分层给煤机频率给定
+28.0	GL5_CZ_HZ_GD	REAL	0	//5#炉出渣机频率给定
+32.0	GL5_LP_HZ_GD	REAL	0	//5#炉炉排机频率给定
+37.0	GL5_FCGM_HZ_GD	REAL	0	//5#炉分层给煤机频率给定
+40.0	GL1_GF_HZ_GD	REAL	0	//1#炉鼓风机频率给定
+44.0	GL1_YF_HZ_GD	REAL	0	//1#炉引风机频率给定
+48.0	GY_XHB1_HZ_GD	REAL	0	//1#循环泵频率给定
+52.0	GY_XHB2_HZ_GD	REAL	0	//2#循环泵频率给定
+57.0	GL2_GF_HZ_GD	REAL	0	//2#炉鼓风机频率给定
+60.0	GY_SJB_GD	REAL	0	//深井泵频率给定
+64.0	GY_BSB_GD	REAL	0	//补水泵频率给定
+68.0	GY_SHB_GD	REAL	0	//生活泵频率给定
+72.0	GY_XHB3_HZ_GD	REAL	0	//3#循环泵频率给定
+77.0	GY_XHB4_HZ_GD	REAL	0	//4#循环泵频率给定
+80.0	GL3_GF_HZ_GD	REAL	0	//3#炉鼓风机频率给定
+84.0	GL1_CZ_HZ_GD	REAL	0	//1#炉出渣机频率给定
+88.0	GL2_CZ_HZ_GD	REAL	0	//2#炉出渣机频率给定
+92.0	GL3_CZ_HZ_GD	REAL	0	//3#炉出渣机频率给定
+97.0	GY_ZHCX1_HZ_GD	REAL	0	//1#炉渣灰冲洗频率给定
+100.0	GL1_LP_HZ_GD	REAL	0	//1#炉炉排机频率给定
+104.0	GL2_LP_HZ_GD	REAL	0	//2#炉炉排机频率给定
+108.0	GL3_LP_HZ_GD	REAL	0	//3#炉炉排机频率给定
+112.0	GY_ZHCX2_HZ_GD	REAL	0	//2#炉渣灰冲洗频率给定
+117.0	GL2_YF_HZ_GD	REAL	0	//2#炉引风机频率给定

7.1.4　程序块编程

程序中建立的块如图 7-6 所示，程序块功能分配如表 7-5 所示。

在程序编写过程中，要考虑锅炉控制联锁功能，包括供水温度过高报警、超高联锁停炉；供水压力过低报警、超低联锁停炉；锅炉出水流量过低报警、超低联锁；回水压力过低报警，补水箱液位报警。当联锁停炉时，系统应按先停给料系统、鼓风机，后停引风机的顺序停炉。

图 7-6　程序块图

表 7-5　程序块功能分配

地址	数据类型	注释
FB 41	FB 41	Continuous Control
DB 1	DB 1	数字量输入
DB 2	DB 2	数字量输出
DB 20	FB 41	渣灰冲洗泵 1PID
DB 21	FB 41	渣灰冲洗泵 2PID
DB 22	FB 41	生活水泵 PID
DB 23	FB 41	补水泵 PID
DB 3	DB 3	模拟量输入
DB 4	DB 4	模拟量输出
DB 5	DB 5	电量通信数据
DB 6	DB 6	电机启停中间变量
DB 7	DB 7	报警输出
DB 8	DB 8	报警限设定
DB 9	DB 9	自动部分
FC 1	FC 1	数字量输入处理
FC 10	FC 10	5#锅炉电机启停
FC 11	FC 11	报警处理
FC 12	FC 12	自动控制部分
FC 2	FC 2	数字量输出处理
FC 3	FC 3	AI 输入处理
FC 4	FC 4	模拟量输出处理
FC 5	FC 5	公用电机启停
FC 6	FC 6	1#锅炉电机启停
FC 7	FC 7	2#锅炉电机启停

续表

地址	数据类型	注释
FC　8	FC　8	3#锅炉电机启停
FC　9	FC　9	4#锅炉电机启停
FC　105	FC　105	Scaling Values
FC　106	FC　106	Unscaling Values
VAT　1		
OB　1	OB　1	主程序

7.2　主程序

主程序功能主要是调用 FC1 至 FC12 各个子程序块。

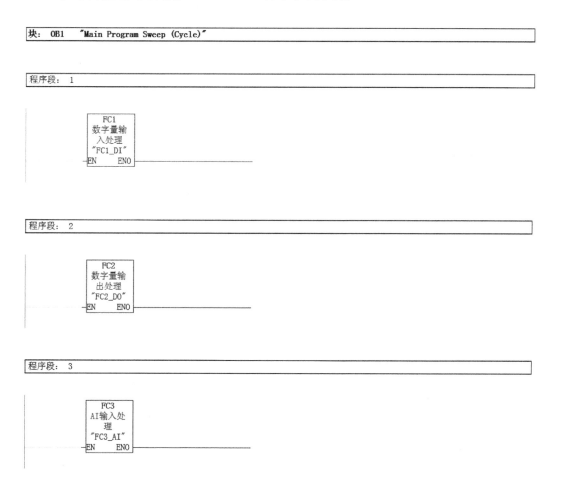

程序段： 4

```
        FC4
       模拟量输
        出处理
      "FC4_AO"
   EN        ENO
```

程序段： 5

```
        FC5
       公用电机
         启停
      "FC5_GY_
         QT"
   EN        ENO
```

程序段： 6

```
        FC6
      1#锅炉电
       机启停
       "FC6_
       GL1_QT"
   EN        ENO
```

程序段： 7

```
        FC7
      2#锅炉电
       机启停
       "FC7_
       GL2_QT"
   EN        ENO
```

程序段： 8

```
        FC8
      3#锅炉电
       机启停
       "FC8_
       GL3_QT"
   EN        ENO
```

程序段： 9

```
        FC9
      4#锅炉电
       机启停
       "FC9_
       GL4_QT"
   EN        ENO
```

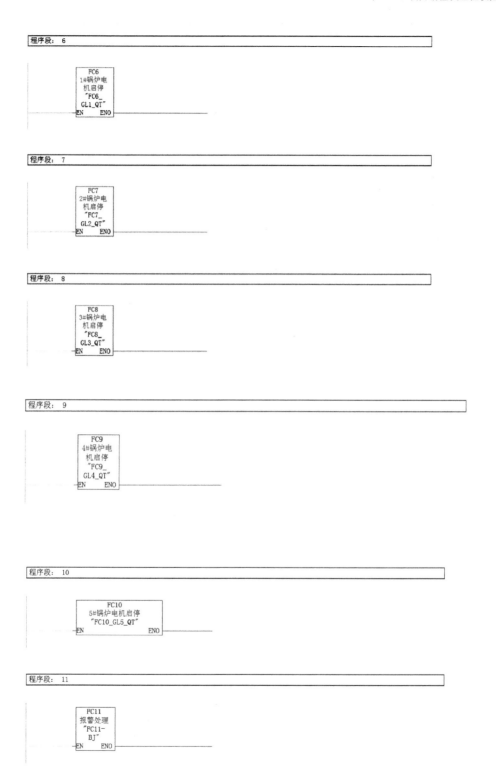

```
程序段： 12
```

```
        FC12
        自动控制
        部分
        "FC12_
        AUTO"
      EN    ENO
```

7.3　子程序

7.3.1　子程序 FC1

FC1 的功能是将 PLC 采集的 DI 数据传送到数据块 DB1 中。

```
块： FC1
```

```
程序段： 1
```

```
           MOVE
         EN    ENO
  IW0 — IN   OUT — DB1.DBW0
```

```
程序段： 2
```

```
           MOVE
         EN    ENO
  IW2 — IN   OUT — DB1.DBW2
```

```
程序段： 3
```

```
           MOVE
         EN    ENO
  IW4 — IN   OUT — DB1.DBW4
```

```
程序段： 4
```

```
           MOVE
         EN    ENO
  IW6 — IN   OUT — DB1.DBW6
```

程序段：5

```
        MOVE
    ─EN     ENO ────────────────
IW8 ─IN     OUT ├─ DB1.DBW8
```

程序段：6

```
        MOVE
    ─EN     ENO ────────────────
IW10 ─IN    OUT ├─ DB1.DBW10
```

程序段：7

```
        MOVE
    ─EN     ENO ────────────────
IW12 ─IN    OUT ├─ DB1.DBW12
```

程序段：8

```
        MOVE
    ─EN     ENO ────────────────
IW14 ─IN    OUT ├─ DB1.DBW14
```

程序段：9

```
        MOVE
    ─EN     ENO ────────────────
IW16 ─IN    OUT ├─ DB1.DBW16
```

程序段：10

```
        MOVE
    ─EN     ENO ────────────────
IW18 ─IN    OUT ├─ DB1.DBW18
```

程序段：11

```
        MOVE
    ─EN     ENO ────────────────
IW138 ─IN   OUT ├─ DB1.DBW20
```

程序段：12

```
        MOVE
    ─EN     ENO ────────────────
IW136 ─IN   OUT ├─ DB1.DBW22
```

7.3.2 子程序 FC2

FC2 的功能是将数据块 DB2 中数据传送给数字量输出寄存器 Q 中。

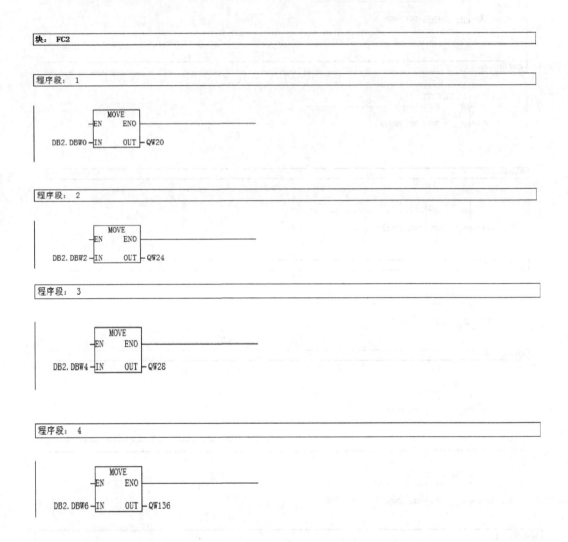

7.3.3 子程序 FC3

FC3 的功能是模拟量输入处理，调用 FC105，将 PLC 接收到的模拟量输入数据，如变频器反馈的频率，引风机入口压力等存入 DB3 数据块中。调用时，每个模拟量占据双字地址，例如，前面 FC105 块指令输入为 PIW256，后面相邻地址的 FC105 块指令输入为 PIW258。在 FC105 块中，还要连接现场信号的最大和最小量程，如频率量程 0~50Hz，HI-LIM 为 50，频率 LO-LIM 为 0。

块：　FC3

程序段：　1

```
                    FC105
                 Scaling Values
                    "SCALE"
              ─EN             ENO─
    PIW256 ──IN          RET_VAL ── MW100
 5.000000e+
       001 ──HI_LIM               DB3.DBD0
                                  4#炉鼓风机
                                   频率反馈
 0.000000e+                       "DB3_AI".
       000 ──LO_LIM               GL4_GF_HZ_
                            OUT ── FK
    M10.0 ──BIPOLAR
```

程序段：　2

```
                    FC105
                 Scaling Values
                    "SCALE"
              ─EN             ENO─
    PIW258 ──IN          RET_VAL ── MW100
 5.000000e+
       001 ──HI_LIM               DB3.DBD4
                                  4#炉引风机
                                   频率反馈
 0.000000e+                       "DB3_AI".
       000 ──LO_LIM               GL4_YF_HZ_
                            OUT ── FK
    M10.0 ──BIPOLAR
```

程序段：　3

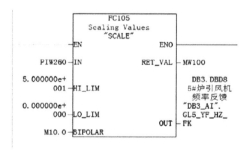

```
                    FC105
                 Scaling Values
                    "SCALE"
              ─EN             ENO─
    PIW260 ──IN          RET_VAL ── MW100
 5.000000e+
       001 ──HI_LIM               DB3.DBD8
                                  5#炉引风机
                                   频率反馈
 0.000000e+                       "DB3_AI".
       000 ──LO_LIM               GL5_YF_HZ_
                            OUT ── FK
    M10.0 ──BIPOLAR
```

程序段：　4

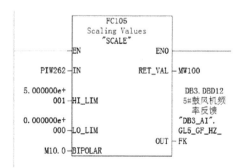

```
                    FC105
                 Scaling Values
                    "SCALE"
              ─EN             ENO─
    PIW262 ──IN          RET_VAL ── MW100
 5.000000e+
       001 ──HI_LIM               DB3.DBD12
                                  5#鼓风机频
                                   率反馈
 0.000000e+                       "DB3_AI".
       000 ──LO_LIM               GL5_GF_HZ_
                            OUT ── FK
    M10.0 ──BIPOLAR
```

程序段： 5

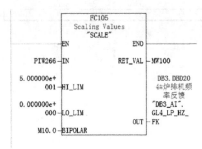

程序段： 6

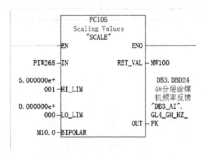

程序段： 7

程序段： 8

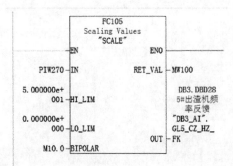

程序段：9

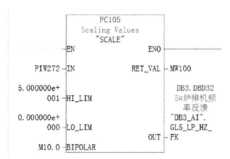

程序段：10

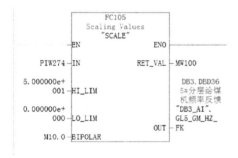

程序段：11

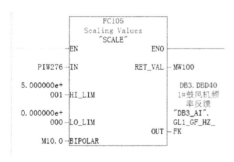

程序段：12

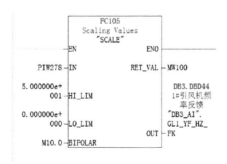

程序段：13

```
        FC105
    Scaling Values
       "SCALE"
   EN            ENO
PIW280-IN     RET_VAL-MW100
5.000000e+
   001-HI_LIM      DB3.DBD48
               1#循环泵频
0.000000e+       率反馈
   000-LO_LIM   "DB3_AI".
               GY_XHB1_
   M10.0-BIPOLAR  OUT-HZ_FK
```

程序段：14

```
        FC105
    Scaling Values
       "SCALE"
   EN            ENO
PIW282-IN     RET_VAL-MW100
5.000000e+
   001-HI_LIM      DB3.DBD52
               2#循环泵频
0.000000e+       率反馈
   000-LO_LIM   "DB3_AI".
               GY_XHB2_
   M10.0-BIPOLAR  OUT-HZ_FK
```

程序段：15

```
        FC105
    Scaling Values
       "SCALE"
   EN            ENO
PIW284-IN     RET_VAL-MW100
5.000000e+
   001-HI_LIM      DB3.DBD56
               2#鼓风机频
0.000000e+       率反馈
   000-LO_LIM   "DB3_AI".
               GL2_GF_HZ_
   M10.0-BIPOLAR  OUT-FK
```

程序段：16

```
        FC105
    Scaling Values
       "SCALE"
   EN            ENO
PIW286-IN     RET_VAL-MW100
5.000000e+
   001-HI_LIM      DB3.DBD60
               深井泵频率
0.000000e+       反馈
   000-LO_LIM   "DB3_AI".
               GY_SJB_HZ_
   M10.0-BIPOLAR  OUT-FK
```

程序段：17

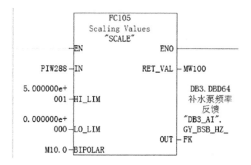

```
              FC105
          Scaling Values
              "SCALE"
        ─EN            ENO─
PIW288 ─IN         RET_VAL ─MW100
5.000000e+
    001 ─HI_LIM          DB3.DBD64
                          补水泵频率
0.000000e+                   反馈
    000 ─LO_LIM          "DB3_AI".
                         GY_BSB_HZ_
                    OUT ─FK
M10.0 ─BIPOLAR
```

程序段：18

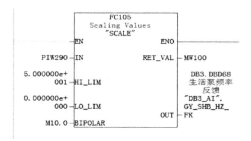

```
              FC105
          Scaling Values
              "SCALE"
        ─EN            ENO─
PIW290 ─IN         RET_VAL ─MW100
5.000000e+
    001 ─HI_LIM          DB3.DBD68
                          生活泵频率
0.000000e+                   反馈
    000 ─LO_LIM          "DB3_AI".
                         GY_SHB_HZ_
                    OUT ─FK
M10.0 ─BIPOLAR
```

程序段：19

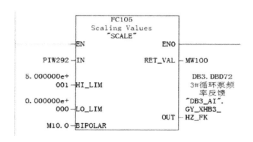

```
              FC105
          Scaling Values
              "SCALE"
        ─EN            ENO─
PIW292 ─IN         RET_VAL ─MW100
5.000000e+
    001 ─HI_LIM          DB3.DBD72
                          3#循环泵频
0.000000e+                 率反馈
    000 ─LO_LIM          "DB3_AI".
                         GY_XHB3_
                    OUT ─HZ_FK
M10.0 ─BIPOLAR
```

程序段：20

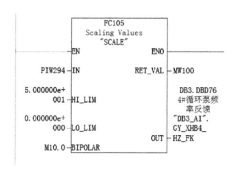

```
              FC105
          Scaling Values
              "SCALE"
        ─EN            ENO─
PIW294 ─IN         RET_VAL ─MW100
5.000000e+
    001 ─HI_LIM          DB3.DBD76
                          4#循环泵频
0.000000e+                 率反馈
    000 ─LO_LIM          "DB3_AI".
                         GY_XHB4_
                    OUT ─HZ_FK
M10.0 ─BIPOLAR
```

程序段：21

```
            FC105
        Scaling Values
           "SCALE"
        ┌─────────────────┐
      ──┤EN           ENO ├──
        │                 │
PIW296──┤IN       RET_VAL ├── MW100
        │                 │
5.000000e+                       DB3.DBD80
   001──┤HI_LIM                  3#鼓风机频
        │                        率反馈
0.000000e+                       "DB3_AI".
   000──┤LO_LIM                  GL3_GF_HZ_
        │             OUT ├── FK
  M10.0─┤BIPOLAR          │
        └─────────────────┘
```

程序段：30

```
            FC105
        Scaling Values
           "SCALE"
        ┌─────────────────┐
      ──┤EN           ENO ├──
        │                 │
PIW314──┤IN       RET_VAL ├── MW100
        │                 │
5.000000e+                       DB3.DBD116
   001──┤HI_LIM                  2#引风机频
        │                        率反馈
0.000000e+                       "DB3_AI".
   000──┤LO_LIM                  GL2_YF_HZ_
        │             OUT ├── FK
  M10.0─┤BIPOLAR          │
        └─────────────────┘
```

程序段：31

```
            FC105
        Scaling Values
           "SCALE"
        ┌─────────────────┐
      ──┤EN           ENO ├──
        │                 │
PIW316──┤IN       RET_VAL ├── MW100
        │                 │
5.000000e+                       DB3.DBD120
   001──┤HI_LIM                  3#引风机频
        │                        率反馈
0.000000e+                       "DB3_AI".
   000──┤LO_LIM                  GL3_YF_HZ_
        │             OUT ├── FK
  M10.0─┤BIPOLAR          │
        └─────────────────┘
```

程序段：32

```
            FC105
        Scaling Values
           "SCALE"
        ┌─────────────────┐
      ──┤EN           ENO ├──
        │                 │
PIW318──┤IN       RET_VAL ├── MW100
        │                 │
2.100000e+                       DB3.DBD124
   001──┤HI_LIM                  1#炉膛出口
        │                        烟气含氧量
0.000000e+                       "DB3_AI".
   000──┤LO_LIM                  GL1_LT_HY_
        │             OUT ├── FK
  M10.0─┤BIPOLAR          │
        └─────────────────┘
```

程序段：33

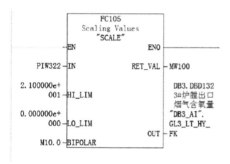

程序段：34

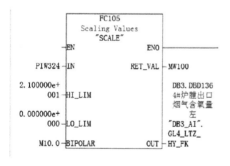

程序段：35

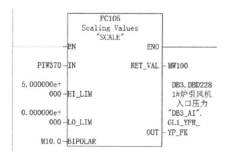

程序段：54

程序段： 55

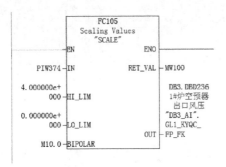

程序段： 56

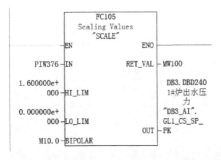

程序段： 57

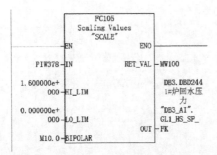

程序段： 58

FC105
Scaling Values
"SCALE"

—EN   ENO—

PIW378—IN   RET_VAL—MW100

1.600000e+
000—HI_LIM   DB3.DBD244
                   1#炉回水压
                      力
0.000000e+   "DB3_AI".
000—LO_LIM   GL1_HS_SP_
              OUT—FK

M10.0—BIPOLAR

程序段:　59

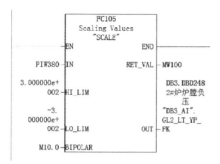

	FC105 Scaling Values "SCALE"	
	EN	ENO
PIW380	IN	RET_VAL — MW100
3.000000e+002	HI_LIM	DB3.DBD248
-3.000000e+002	LO_LIM	2#炉炉膛负压 "DB3_AI". GL2_LT_YP_
M10.0	BIPOLAR	OUT — FK

程序段:　106

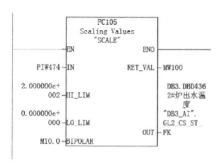

	FC105 Scaling Values "SCALE"	
	EN	ENO
PIW474	IN	RET_VAL — MW100
2.000000e+002	HI_LIM	DB3.DBD436
0.000000e+000	LO_LIM	2#炉出水温度 "DB3_AI". GL2_CS_ST_
M10.0	BIPOLAR	OUT — FK

程序段:　107

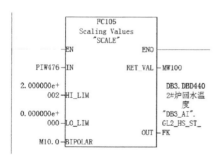

	FC105 Scaling Values "SCALE"	
	EN	ENO
PIW476	IN	RET_VAL — MW100
2.000000e+002	HI_LIM	DB3.DBD440
0.000000e+000	LO_LIM	2#炉回水温度 "DB3_AI". GL2_HS_ST_
M10.0	BIPOLAR	OUT — FK

程序段:　128

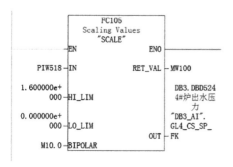

	FC105 Scaling Values "SCALE"	
	EN	ENO
PIW518	IN	RET_VAL — MW100
1.600000e+000	HI_LIM	DB3.DBD524
0.000000e+000	LO_LIM	4#炉出水压力 "DB3_AI". GL4_CS_SP_
M10.0	BIPOLAR	OUT — FK

程序段： 129

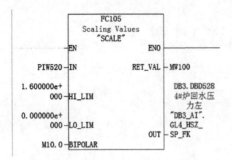

程序段： 130

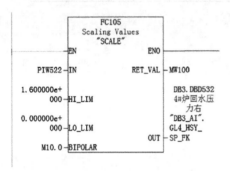

程序段： 131

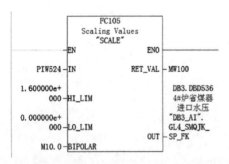

程序段： 166

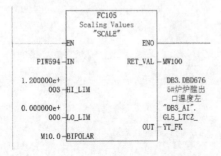

程序段: 167

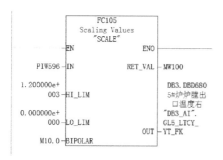

程序段: 168

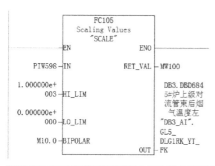

程序段: 169

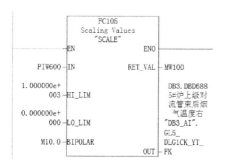

程序段: 176

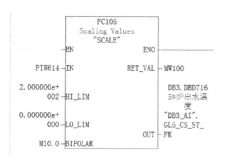

程序段： 177

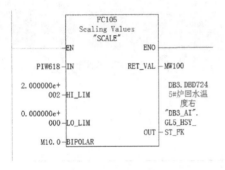

```
              FC105
          Scaling Values
             "SCALE"
       EN              ENO
PIW616-IN          RET_VAL -MW100
2.000000e+
    002-HI_LIM           DB3.DBD720
                         5#炉回水温
0.000000e+                 度左
    000-LO_LIM          "DB3_AI".
                        GL5_HSZ_
  M10.0-BIPOLAR    OUT -ST_FK
```

程序段： 178

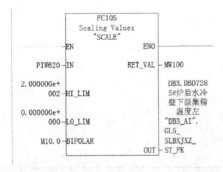

```
              FC105
          Scaling Values
             "SCALE"
       EN              ENO
PIW618-IN          RET_VAL -MW100
2.000000e+
    002-HI_LIM           DB3.DBD724
                         5#炉回水温
0.000000e+                 度右
    000-LO_LIM          "DB3_AI".
                        GL5_HSY_
  M10.0-BIPOLAR    OUT -ST_FK
```

程序段： 179

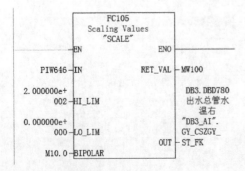

```
              FC105
          Scaling Values
             "SCALE"
       EN              ENO
PIW620-IN          RET_VAL -MW100
2.000000e+
    002-HI_LIM           DB3.DBD728
                         5#炉后水冷
0.000000e+               壁下级集箱
    000-LO_LIM             温度左
                        "DB3_AI".
                          GL5_
  M10.0-BIPOLAR          SLBXJXZ_
                    OUT -ST_FK
```

程序段： 192

```
              FC105
          Scaling Values
             "SCALE"
       EN              ENO
PIW646-IN          RET_VAL -MW100
2.000000e+
    002-HI_LIM           DB3.DBD780
                         出水总管水
0.000000e+                 温右
    000-LO_LIM          "DB3_AI".
                        GY_CSZGY_
  M10.0-BIPOLAR    OUT -ST_FK
```

程序段：193

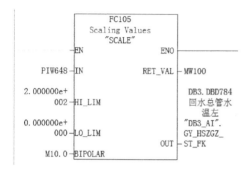

程序段：216

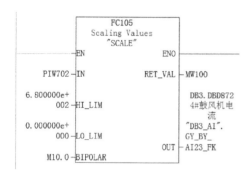

7.3.4　子程序 FC4

FC4 的功能是模拟量输出处理，调用 FC106，将存放在 DB4 数据块中的模拟量输出数据，如变频器给定频率，传送到模拟量输出寄存 PQ 区。调用时，每个模拟量占据双字地址，如，前面 FC106 块指令输出为 PQW256，后面相邻地址的 FC106 块指令输出为 PQW258。在 FC106 块中，也要连接现场信号的最大和最小量程，如频率量程 0~50Hz，HI-LIM 为 50，频率 LO-LIM 为 0。

块： FC4

程序段： 1

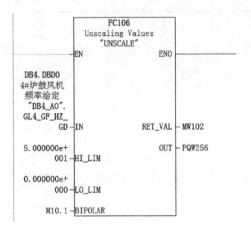

程序段： 2

程序段： 3

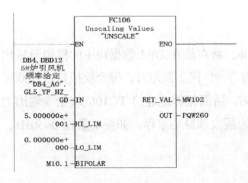

程序段：4

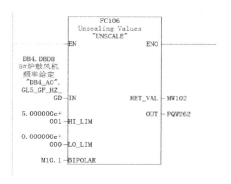

程序段：5

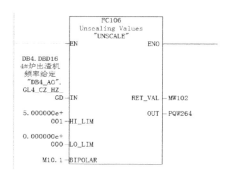

程序段：6

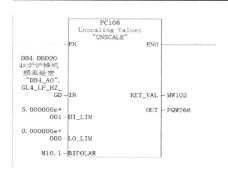

程序段：7

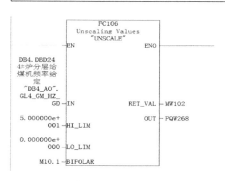

程序段: 8

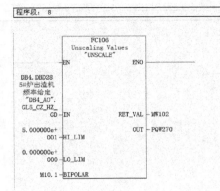

```
                    FC106
                Unscaling Values
                   "UNSCALE"
              ─EN          ENO─

DB4.DBD28
5#炉出渣机
频率给定
"DB4_AO".
GL5_CZ_HZ_
       GD ─IN     RET_VAL ─ MW102

5.000000e+
      001 ─HI_LIM    OUT ─ PQW270

0.000000e+
      000 ─LO_LIM

    M10.1 ─BIPOLAR
```

程序段: 9

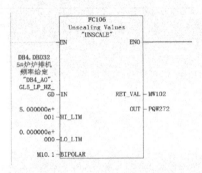

```
                    FC106
                Unscaling Values
                   "UNSCALE"
              ─EN          ENO─

DB4.DBD32
5#炉炉排机
频率给定
"DB4_AO".
GL5_LP_HZ_
       GD ─IN     RET_VAL ─ MW102

5.000000e+
      001 ─HI_LIM    OUT ─ PQW272

0.000000e+
      000 ─LO_LIM

    M10.1 ─BIPOLAR
```

程序段: 10

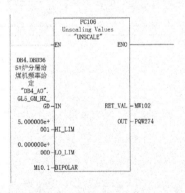

```
                    FC106
                Unscaling Values
                   "UNSCALE"
              ─EN          ENO─

DB4.DBD36
5#炉分层给
煤机频率给
定
"DB4_AO".
GL5_GM_HZ_
       GD ─IN     RET_VAL ─ MW102

5.000000e+
      001 ─HI_LIM    OUT ─ PQW274

0.000000e+
      000 ─LO_LIM

    M10.1 ─BIPOLAR
```

程序段: 11

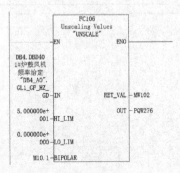

```
                    FC106
                Unscaling Values
                   "UNSCALE"
              ─EN          ENO─

DB4.DBD40
1#炉鼓风机
频率给定
"DB4_AO".
GL1_GF_HZ_
       GD ─IN     RET_VAL ─ MW102

5.000000e+
      001 ─HI_LIM    OUT ─ PQW276

0.000000e+
      000 ─LO_LIM

    M10.1 ─BIPOLAR
```

程序段： 18

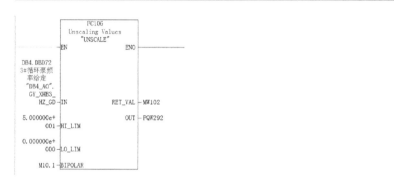

程序段： 19

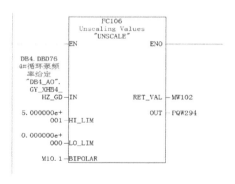

程序段： 20

程序段： 21

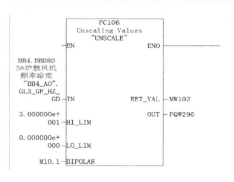

程序段: 32

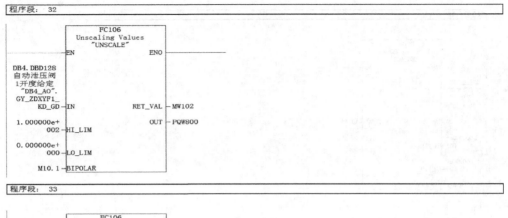

程序段: 33

7.3.5 子程序 FC5

FC5 的功能是控制公用电机的启停，包括电机自锁、互锁和联锁。

块: FC5

程序段: 4   2#提升机振动器启动

程序段: 5   1#提升机启动

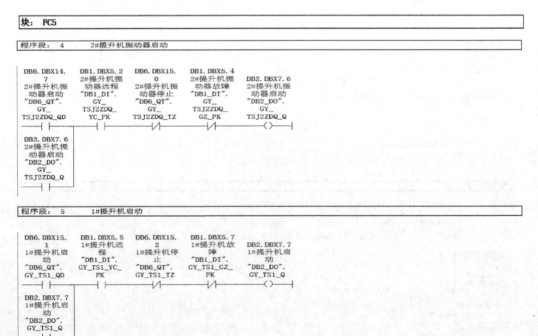

程序段：10

DB6.DBX1.4 1#循环泵启动 "DB6_QT". GY_XHB1_QD	DB1.DBX8.2 1#循环泵远程 "DB1_DI". GY_XHB1_YC_FK	DB6.DBX1.5 1#循环泵停止 "DB6_QT". GY_XHB1_TZ	DB1.DBX8.4 1#循环泵故障 "DB1_DI". GY_XHB1_GZ_FK	DB2.DBX0.6 1#循环泵启动 "DB2_DO". GY_XHB1_Q
┤├	┤├	┤/├	┤/├	─( )─

DB2.DBX0.6
1#循环泵启动
"DB2_DO".
GY_XHB1_Q
┤├

程序段：11　2#循环泵启动

DB6.DBX1.6 2#循环泵启动 "DB6_QT". GY_XHB2_QD	DB1.DBX8.5 2#循环泵远程 "DB1_DI". GY_XHB2_YC_FK	DB6.DBX1.7 2#循环泵停止 "DB6_QT". GY_XHB2_TZ	DB1.DBX8.7 2#循环泵故障 "DB1_DI". GY_XHB2_GZ_FK	DB2.DBX0.7 2#循环泵启动 "DB2_DO". GY_XHB2_Q
┤├	┤├	┤/├	┤/├	─( )─

DB2.DBX0.7
2#循环泵启动
"DB2_DO".
GY_XHB2_Q
┤├

程序段：12　深井泵启动

DB6.DBX2.2 深井泵启动 "DB6_QT". GY_SJB_QD	DB1.DBX9.3 深井泵远程 "DB1_DI". GY_SJB_YC_FK	DB6.DBX2.3 深井泵停止 "DB6_QT". GY_SJB_TZ	DB1.DBX9.5 深井泵故障 "DB1_DI". GY_SJB_GZ_FK	DB2.DBX1.1 深井泵启动 "DB2_DO". GY_SJB_Q
┤├	┤├	┤/├	┤/├	─( )─

DB2.DBX1.1
深井泵启动
"DB2_DO".
GY_SJB_Q
┤├

程序段：13　生活泵启动

DB6.DBX2.6 生活泵启动 "DB6_QT". GY_SHB_QD	DB1.DBX10.2 生活泵远程 "DB1_DI". GY_SHB_YC_FK	DB6.DBX2.7 生活泵停止 "DB6_QT". GY_SHB_TZ	DB1.DBX10.4 生活泵故障 "DB1_DI". GY_SHB_GZ_FK	DB2.DBX1.3 生活泵启动 "DB2_DO". GY_SHB_Q
┤├	┤├	┤/├	┤/├	─( )─

DB2.DBX1.3
生活泵启动
"DB2_DO".
GY_SHB_Q
┤├

| 程序段: 14 补水泵启动 |

```
DB9.DBX0.3
补水泵自动
;1为?远依:                                        DB7.DBX6.4
  动                                               补水总管压
"DB9_                                              力上限输出             DB1.DBX10.
AUTO".      DB6.DBX2.4   DB1.DBX9.6   "DB7_BJ_    DB6.DBX2.5     1
GY_BSB_ZD_  补水泵启动   补水泵远程   Q".         补水泵停止   补水泵故障   DB2.DBX1.2
  SA        "DB6_QT".    "DB1_DI".    GY_BSZG_    "DB6_QT".    GY_BSB_GZ_   补水泵启动
            GY_BSB_QD    GY_BSB_YC_   SY_S_Q      GY_BSB_TZ    FK          "DB2_DO".
  |  |        |  |        FK                        | / |                   GY_BS_Q
  |  |        |  |        |  |          |/|          | / |        |/|         ( )

DB9.DBX0.3
补水泵自动
;1为?远依:               DB7.DBX6.5
  动                      补水总管压
"DB9_                     力下限输出
AUTO".                    "DB7_BJ_
GY_BSB_ZD_                Q".
  SA                      GY_BSZG_
  |  |                    SY_X_Q
  |  |                    |  |

DB2.DBX1.2
补水泵启动
"DB2_DO".
GY_BS_Q
  |  |
  |  |
```

| 程序段: 15 3#炉循环泵启动 |

```
            DB1.DBX11.                DB1.DBX12.
              6                          0
DB6.DBX3.6  3#循环泵远   DB6.DBX3.7   3#循环泵故   DB2.DBX1.7
3#炉循环泵   程          3#炉循环泵   障          3#炉循环泵
启动        "DB1_DI".    停止         "DB1_DI".    启动
"DB6_QT".   GY_XHB3_    "DB6_QT".    GY_XHB3_    "DB2_DO".
GY_XHB3_QD  YC_FK       GY_XHB3_TZ   GZ_FK       GY_XHB3_Q
  |  |        |  |         | / |        |  |         ( )

DB2.DBX1.7
3#炉循环泵
启动
"DB2_DO".
GY_XHB3_Q
  |  |
```

| 程序段: 16 4#炉循环泵启动 |

```
            DB1.DBX12.                DB1.DBX12.
              1                          3
DB6.DBX4.0  4#循环泵远   DB6.DBX4.1   4#循环泵故   DB2.DBX2.0
4#炉循环泵   程          4#炉循环泵   障          4#炉循环泵
启动        "DB1_DI".    停止         "DB1_DI".    启动
"DB6_QT".   GY_XHB4_    "DB6_QT".    GY_XHB4_    "DB2_DO".
GY_XHB4_QD  YC_FK       GY_XHB4_TZ   GZ_FK       GY_XHB4_Q
  |  |        |  |         | / |        |  |         ( )

DB2.DBX2.0
4#炉循环泵
启动
"DB2_DO".
GY_XHB4_Q
  |  |
```

| 程序段: 17 1#炉渣灰冲洗启动 |

```
            DB1.DBX14.                DB1.DBX14.
              0                          2
DB6.DBX5.2  炉渣灰冲     DB6.DBX5.3   1#炉渣灰冲   DB2.DBX2.5
1#炉渣灰冲   洗远程       1#炉渣灰冲   洗故障       1#炉渣灰冲
洗启动       "DB1_DI".    洗停止       "DB1_DI".    洗启动
"DB6_QT".   GL1_ZHCX_   "DB6_QT".    GL1_ZHCX_   "DB2_DO".
GY_ZHCX1_   YC_FK       GY_ZHCX1_   GZ_FK       GL1_ZHCX_Q
  QD          |  |        TZ          |  |         ( )
  |  |                    | / |

DB2.DBX2.5
1#炉渣灰冲
洗启动
"DB2_DO".
GL1_ZHCX_Q
  |  |
```

程序段： 19　软化水箱电动阀开

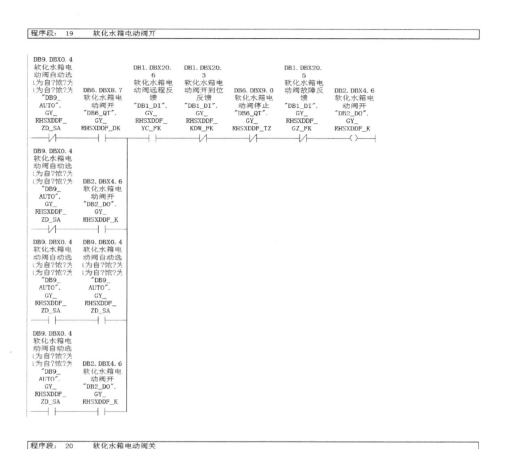

程序段： 20　软化水箱电动阀关

7.3.6　子程序 FC6

FC6 的功能是 1#炉电机的启停，包括电机自锁、互锁和联锁。

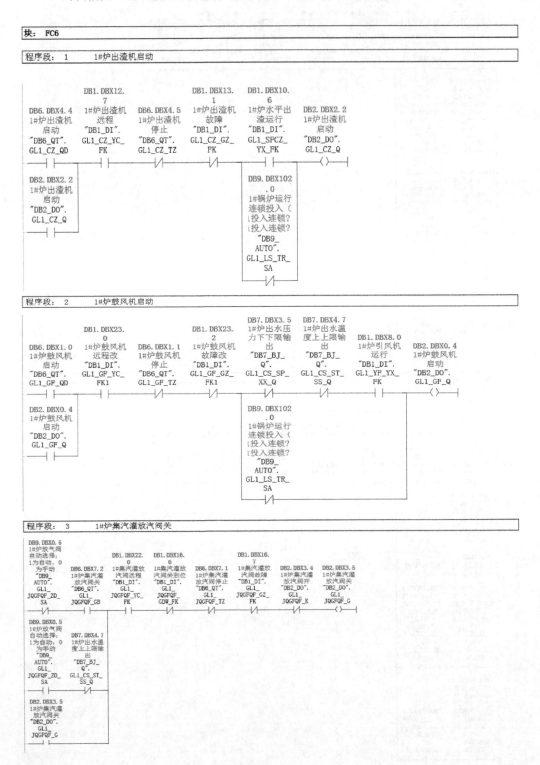

7.3.7　子程序 FC7

FC7 的功能是 2#炉电机的启停，包括电机自锁、互锁和联锁。

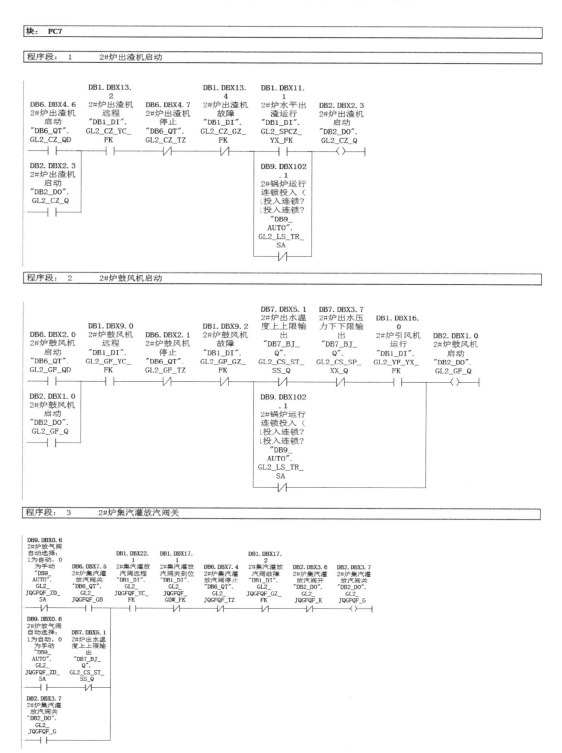

程序段：7　　2#炉引风机启动

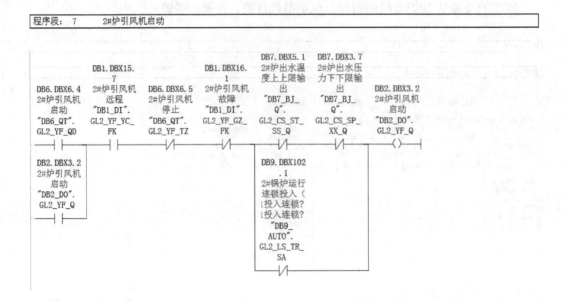

7.3.8　子程序 FC8

FC8 的功能是 3#炉电机的启停，包括电机自锁、互锁和联锁。

块：FC8

程序段：1　　3#炉出渣机启动

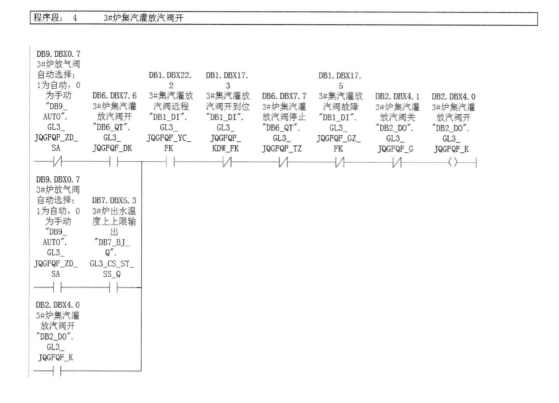

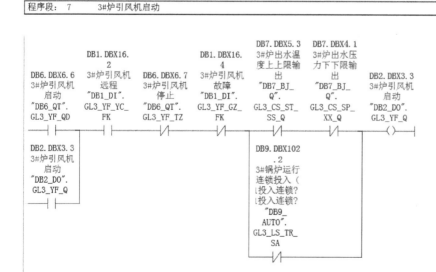

7.3.9 子程序 FC9

FC9 的功能是 4#炉电机的启停，包括电机自锁、互锁和联锁。

块： FC9

程序段： 1　　4#炉分层给煤启动

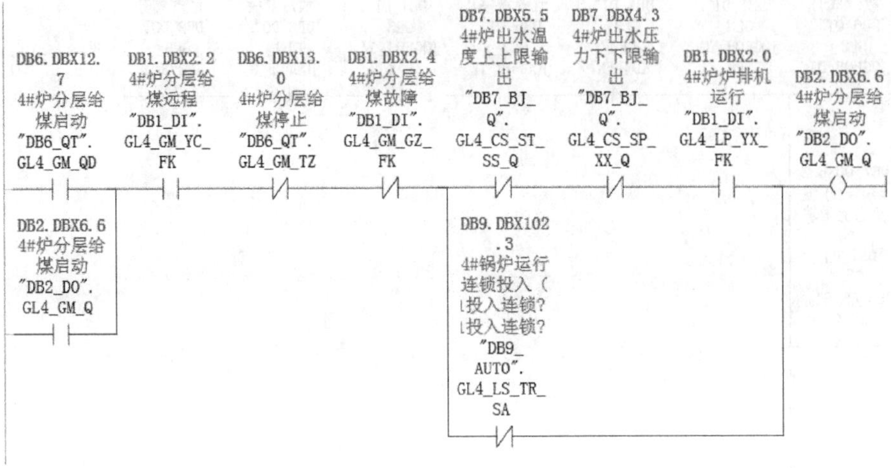

程序段： 7　　4#炉引风机启动

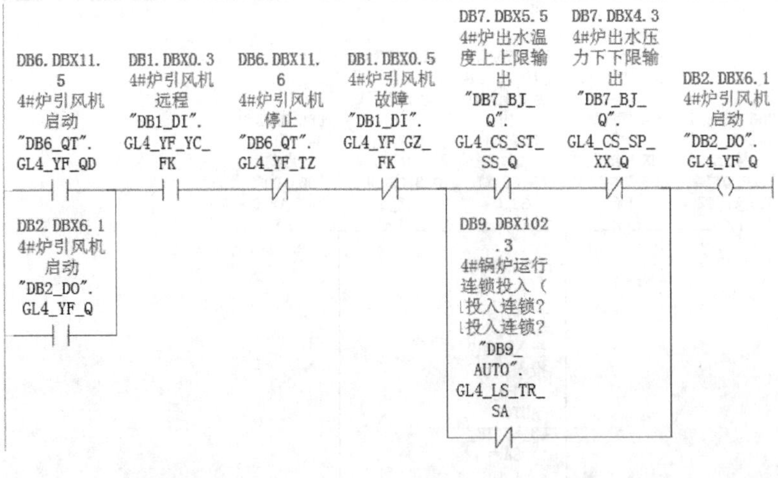

7.3.10　子程序 FC10

FC10 的功能是 5#炉电机的启停，包括电机自锁、互锁和联锁。

块：FC10

程序段：1　　5#炉分层给煤启动

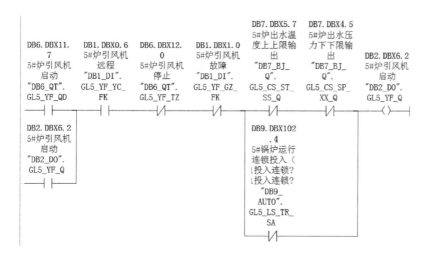

程序段：7　　5#炉引风机启动

7.3.11　子程序 FC11

FC11 的功能是报警输出，将实际数值与报警限值比较，超出报警限值则报警输出继电器线圈得电，在上位机界面发出报警提示。

块： FC11

程序段： 1	1#炉膛出口烟气含氧量下限输出

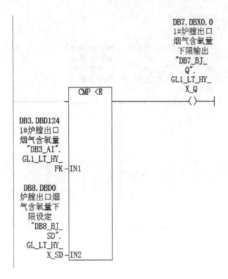

程序段： 2	2#炉膛出口烟气含氧量下限输出

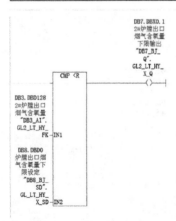

程序段： 3	3#炉膛出口烟气含氧量下限输出

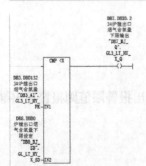

程序段：　4	4#炉膛出口烟气含氧量左下限输出

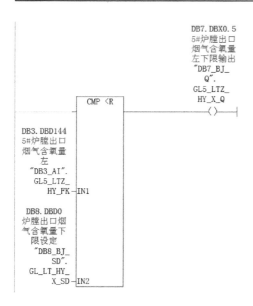

```
                                              DB7.DBX0.3
                                              4#炉膛出口
                                              烟气含氧量
                                              左下限输出
                                              "DB7_BJ_
                                                Q".
                                              GL4_LTZ_
                                              HY_X_Q
           ┌───────────┐
           │  CMP  <R  │                        ─( )─
           │           │
DB3.DBD136 │           │
4#炉膛出口  │           │
烟气含氧量  │           │
    左     │           │
 "DB3_AI". │           │
 GL4_LTZ_  │           │
 HY_FK ─── IN1         │
           │           │
 DB8.DBD0  │           │
炉膛出口烟  │           │
气含氧量下  │           │
 限设定    │           │
 "DB8_BJ_  │           │
   SD".    │           │
 GL_LT_HY_ │           │
  X_SD ─── IN2         │
           └───────────┘
```

程序段：　6	5#炉膛出口烟气含氧量左下限输出

```
                                              DB7.DBX0.5
                                              5#炉膛出口
                                              烟气含氧量
                                              左下限输出
                                              "DB7_BJ_
                                                Q".
                                              GL5_LTZ_
           ┌───────────┐                      HY_X_Q
           │  CMP  <R  │                        ─( )─
           │           │
DB3.DBD144 │           │
5#炉膛出口  │           │
烟气含氧量  │           │
    左     │           │
 "DB3_AI". │           │
 GL5_LTZ_  │           │
 HY_FK ─── IN1         │
           │           │
 DB8.DBD0  │           │
炉膛出口烟  │           │
气含氧量下  │           │
 限设定    │           │
 "DB8_BJ_  │           │
   SD".    │           │
 GL_LT_HY_ │           │
  X_SD ─── IN2         │
           └───────────┘
```

程序段：	11	4#炉炉膛负压左下限输出

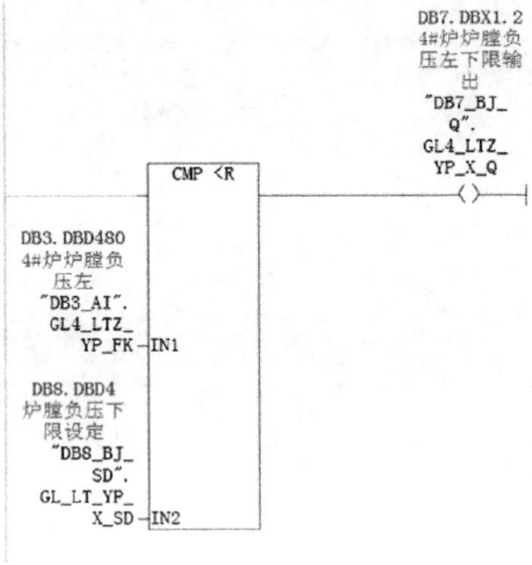

DB7.DBX1.2
4#炉炉膛负
压左下限输
出
"DB7_BJ_
Q".
GL4_LTZ_
YP_X_Q
—( )—

CMP <R

DB3.DBD480
4#炉炉膛负
压左
"DB3_AI".
GL4_LTZ_
YP_FK—IN1

DB8.DBD4
炉膛负压下
限设定
"DB8_BJ_
SD".
GL_LT_YP_
X_SD—IN2

程序段：	12	4#炉炉膛负压右下限输出

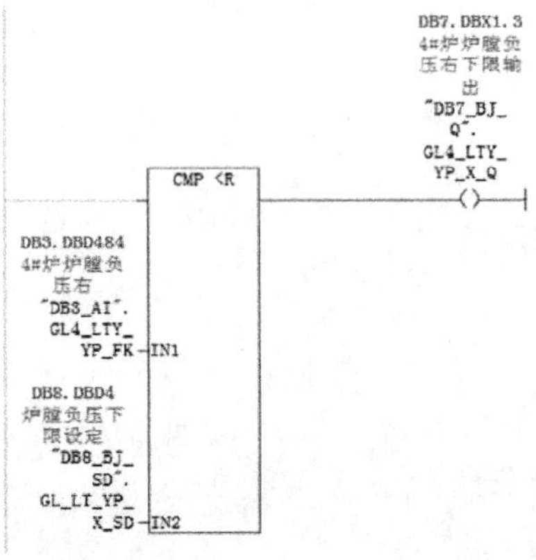

DB7.DBX1.3
4#炉炉膛负
压右下限输
出
"DB7_BJ_
Q".
GL4_LTY_
YP_X_Q
—( )—

CMP <R

DB3.DBD484
4#炉炉膛负
压右
"DB3_AI".
GL4_LTY_
YP_FK—IN1

DB8.DBD4
炉膛负压下
限设定
"DB8_BJ_
SD".
GL_LT_YP_
X_SD—IN2

程序段： 13 5#炉炉膛负压左下限输出

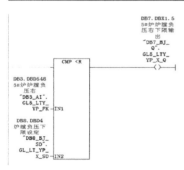

```
                                    DB7.DBX1.4
                                    5#炉炉膛负
                                    压左下限输
                                        出
                                    "DB7_BJ_
                                      Q".
                                    GL5_LTZ_
                                    YP_X_Q
              CMP <R                  ─( )─
DB3.DBD544
5#炉炉膛负
   压左
 "DB3_AI".
 GL5_LTZ_
 YP_FK ─IN1
DB8.DBD4
炉膛负压下
限设定
 "DB8_BJ_
   SD".
GL_LT_YP_
  X_SD ─IN2
```

程序段： 14 5#炉炉膛负压右下限输出

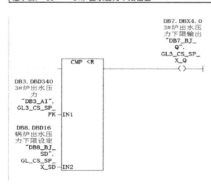

```
                                    DB7.DBX1.5
                                    5#炉炉膛负
                                    压右下限输
                                        出
                                    "DB7_BJ_
                                      Q".
                                    GL5_LTY_
                                    YP_X_Q
              CMP <R                  ─( )─
DB3.DBD548
5#炉炉膛负
   压右
 "DB3_AI".
 GL5_LTY_
 YP_FK ─IN1
DB8.DBD4
炉膛负压下
限设定
 "DB8_BJ_
   SD".
GL_LT_YP_
  X_SD ─IN2
```

程序段： 31 3#炉出水压力下限输出

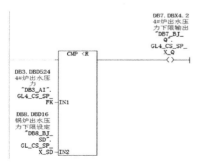

```
                                    DB7.DBX4.0
                                    3#炉出水压
                                    力下限输出
                                    "DB7_BJ_
                                      Q".
                                    GL3_CS_SP_
                                      X_Q
              CMP <R                  ─( )─
DB3.DBD340
3#炉出水压
    力
 "DB3_AI".
 GL3_CS_SP_
    FK ─IN1
DB8.DBD16
锅炉出水压
力下限设定
 "DB8_BJ_
   SD".
 GL_CS_SP_
  X_SD ─IN2
```

程序段： 32 4#炉出水压力下限输出

```
                                    DB7.DBX4.2
                                    4#炉出水压
                                    力下限输出
                                    "DB7_BJ_
                                      Q".
                                    GL4_CS_SP_
                                      X_Q
              CMP <R                  ─( )─
DB3.DBD524
4#炉出水压
    力
 "DB3_AI".
 GL4_CS_SP_
    FK ─IN1
DB8.DBD16
锅炉出水压
力下限设定
 "DB8_BJ_
   SD".
 GL_CS_SP_
  X_SD ─IN2
```

程序段： 39　　1#炉出水温度上限输出

DB7.DBX4.6
1#炉出水温
度上限输出
"DB7_BJ_
Q".
GL1_CS_ST_
S_Q
( )

CMP >R

DB3.DBD388
1#炉出水温
度
"DB3_AI".
GL1_CS_ST_
FK —IN1

DB8.DBD24
锅炉出水温
度上限设定
"DB8_BJ_
SD".
GL_CS_ST_
S_SD —IN2

程序段： 40　　2#炉出水温度上限输出

DB7.DBX5.0
2#炉出水温
度上限输出
"DB7_BJ_
Q".
GL2_CS_ST_
S_Q
( )

CMP >R

DB3.DBD436
2#炉出水温
度
"DB3_AI".
GL2_CS_ST_
FK —IN1

DB8.DBD24
锅炉出水温
度上限设定
"DB8_BJ_
SD".
GL_CS_ST_
S_SD —IN2

程序段： 47

DB7.DBX5.5
4#炉出水温
度上上限输
出
"DB7_BJ_
Q".
GL4_CS_ST_
SS_Q
( )

CMP >R

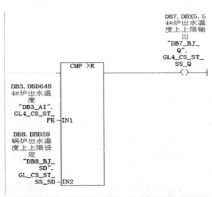

DB3.DBD648
4#炉出水温
度
"DB3_AI".
GL4_CS_ST_
FK —IN1

DB8.DBD28
锅炉出水温
度上上限设
定
"DB8_BJ_
SD".
GL_CS_ST_
SS_SD —IN2

程序段： 48

DB7.DBX5.7
5#炉出水温
度上上限输
出
"DB7_BJ_
Q".
GL5_CS_ST_
SS_Q
( )

CMP >R

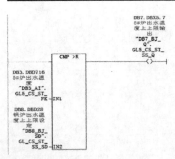

DB3.DBD716
5#炉出水温
度
"DB3_AI".
GL5_CS_ST_
FK —IN1

DB8.DBD28
锅炉出水温
度上上限设
定
"DB8_BJ_
SD".
GL_CS_ST_
SS_SD —IN2

130

7.3.12　子程序 FC12

FC12 的功能是 PID 自动控制。

```
块: FC12
```

```
程序段: 1
```

```
DB9.DBX0.0
渣灰冲洗泵
1为自动0为
  手动
 "DB9_
 AUTO".
GY_ZHCX1_
  ZD_SA                              M0.0
 ──┤/├──────────────────────────────( )──
```

```
程序段: 2
```

```
                      DB20
                    渣灰冲洗泵
                     1PID
                    "DB20_
                    ZHCX1"
              ┌──────────────────┐
              │       FB41        │
              │ Continuous Control│
              │      "CONT_C"     │
          ────┤EN            ENO  ├────
              │                   │
          ────┤COM_RST            │      DB4.DBD96
              │                   │      1#炉渣灰冲
    M0.0  ────┤MAN_ON             │      洗频率给定
              │                   │      "DB4_AO".
          ────┤PVPER_ON           │      GY_ZHCX1_
              │               LMN ├──HZ_GD
          ────┤P_SEL              │
              │           LMN_PER ├─
          ────┤I_SEL              │
              │          QLMN_HLM ├─
          ────┤INT_HOLD           │
              │          QLMN_LLM ├─
          ────┤I_ITL_ON           │
              │             LMN_P ├─
          ────┤D_SEL              │
              │             LMN_I ├─
  T#200MS ────┤CYCLE              │
              │             LMN_D ├─
  DB9.DBD18    │                   │
  渣灰冲洗泵     │                PV ├─
  压力设定      │                   │
   "DB9_      │                ER ├─
   AUTO".     │                   │
  GY_ZHCX_    └──────────────────┘
    YL_SD ────┤SP_INT

  DB3.DBD820
  渣灰冲洗泵
  压力反馈
  "DB3_AI".
   GY_BY_
   AI10_FK ──┤PV_IN

          ────┤PV_PER

  DB9.DBD2
  渣灰冲洗泵
  1手动频率
   "DB9_
   AUTO".
  GY_ZHCX1_
  HZ_SD_SD ──┤MAN

 1.000000e+
      000 ──┤GAIN
```

```
   T#500MS ─ TI

   T#500MS ─ TD

            ─ TM_LAG

1.000000e+
       000 ─ DEADB_W

5.000000e+
       001 ─ LMN_HLM

0.000000e+
       000 ─ LMN_LLM

            ─ PV_FAC

            ─ PV_OFF

            ─ LMN_FAC

            ─ LMN_OFF

            ─ I_ITLVAL

            ─ DISV
```

程序段：3

```
DB9.DBX0.1
渣灰冲洗泵
2自动选择
 "DB9_
 AUTO".
GY_ZHCX2_
  ZD_SA                              M0.1
───┤/├────────────────────────────( )───
```

程序段：4

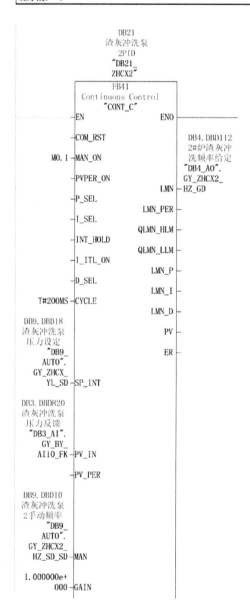

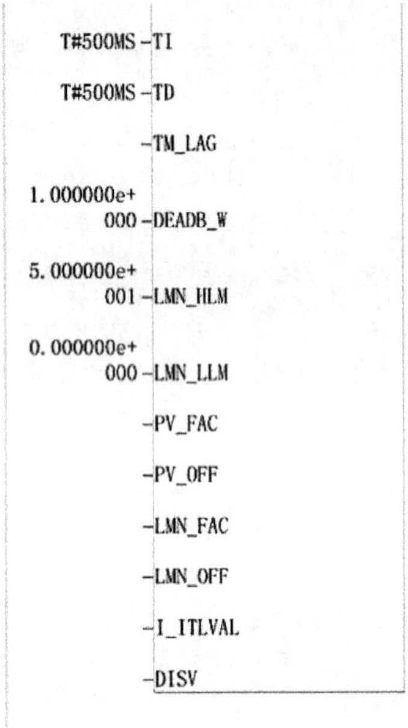

```
        T#500MS —TI

        T#500MS —TD

              —TM_LAG

 1.000000e+
       000 —DEADB_W

 5.000000e+
       001 —LMN_HLM

 0.000000e+
       000 —LMN_LLM

              —PV_FAC

              —PV_OFF

              —LMN_FAC

              —LMN_OFF

              —I_ITLVAL

              —DISV
```

程序段： 5

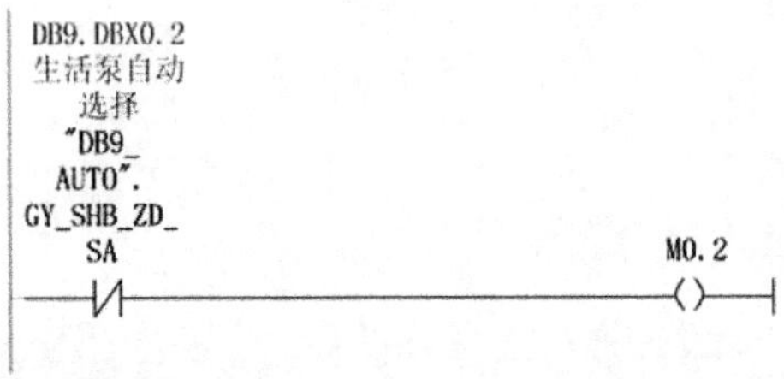

```
DB9.DBX0.2
生活泵自动
  选择
 "DB9_
 AUTO".
GY_SHB_ZD_
   SA                              M0.2
  ─┤/├──────────────────────────────( )──┤
```

程序段：　6

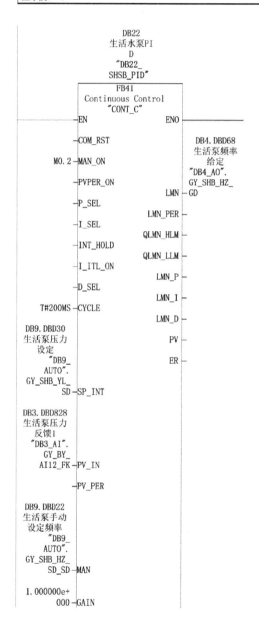

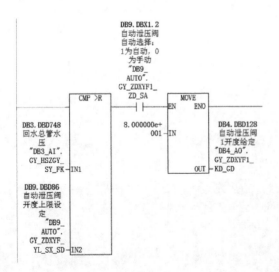

程序段：8

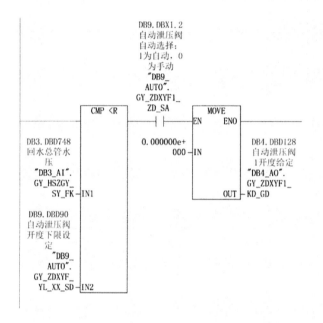

程序段：9

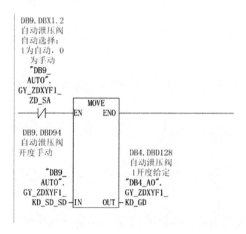

137

程序段：10

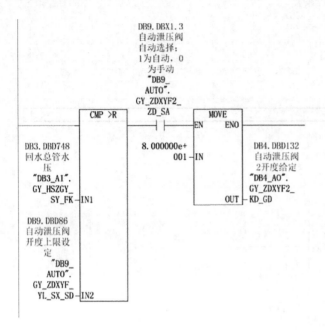

程序段：11

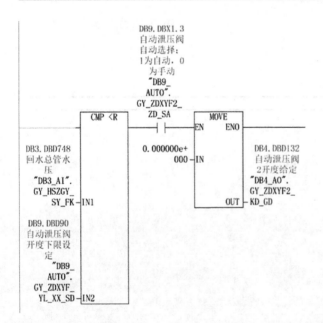

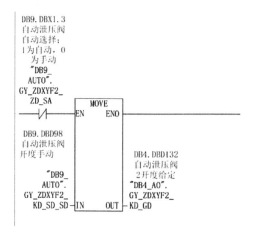

程序段: 12

7.4　上位机运行控制界面

本系统选择研华工控机作为上位机。分为工程师站和操作员站，上位机与 PLC 通过交换机连接，工程师站和操作员站分别安装组态软件。运行人员可在控制室内实现对整个热力车间锅炉系统的启停控制、正常运行监视及异常工况的处理。

启动工程浏览器和工程管理器创建项目，设置系统属性和外部设备模块等，开发与 PLC 通信的上位机监控系统程序，设置远程和就地控制方式，实现上位机对下位机采集上来的锅炉及上煤系统、循环供水、补水系统、排渣系统运行变量的实时处理与监控，通过上位机的分析、判断，实现对现场温度、压力、液位、流量等工艺变量的动态显示，通过下位机反馈至上位机的信号实现对现场温度、压力、液位等参数和风机、水泵等运行状态的监控。通过上位机和手自动切换，实现风机、水泵的启停控制。同时实现故障报警和超限报警功能。在上位机完成的工作包括：

（1）定义 I/O 设备，定义 COM10 为 CPU314C，设备地址为 192.168.1.5:0:2；定义 ModbusRTU 类设备变压器 1250KVAR5AA1，指定设备地址为 6，以同样的方式定义其他变压器，用于各变压器用电设备电能计量采集；

（2）在数据词典中定义数据变量，除变量名外，还要指定变量类型，连接设备和设备寄存器地址；

（3）画面组态：通过流程图画面设计和单台电机或阀门的控制面板，来形成特定的人机界面。构建画面，并进行变量连接。

设置的画面主要包括：

① 登录界面；

② 公用部分画面;

③ 上煤系统画面;

④ 各台锅炉部分画面;

⑤ 参数设置;

⑥ 实时数据显示和历史数据记录;

⑦ 历史报警界面。

在画面连接中设置设备的显示属性,以区分设备的运行、故障和停止状态。

电机颜色:有三种颜色,黄色表示电机设备故障,一般表示此台电机设备在规定时间内无运行和停止反馈信号;绿色表示设备已运行;红色表示设备已停止。

阀门颜色:红色表示阀门关到位;绿色表示阀门开到位;闪烁表示开阀或关阀中。

每台电机或阀门均有其相应的控制面板,在控制面板中,可以非常直观地反映此台设备的详细状态,如控制电机的变频器频率设定和反馈值,电机状态指示,阀门状态指示,同时可以进行"自动/手动""启动/停止"等相关的操作。

登录界面设置管理员、工程师和操作员权限,操作员只能对设定好的画面进行切换、操作和监视,无权更改参数及退出和最小化系统。工程师可以对系统进行组态、参数设置、退出系统。管理员拥有最高权限,可进行一切操作。

运行中可在监控站上对控制器参数进行设定、修改,但为保证系统安全,进入设定参数、历史数据查询等内容时,须输入密码后才能进入各画面进行操作。

图 7-7~图 7-10 为部分上位机组态编程界面。上位机部分画面界面如图 7-11~图 7-13 所示。

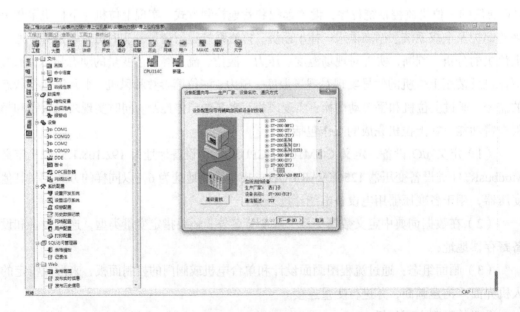

图 7-7　设备定义界面

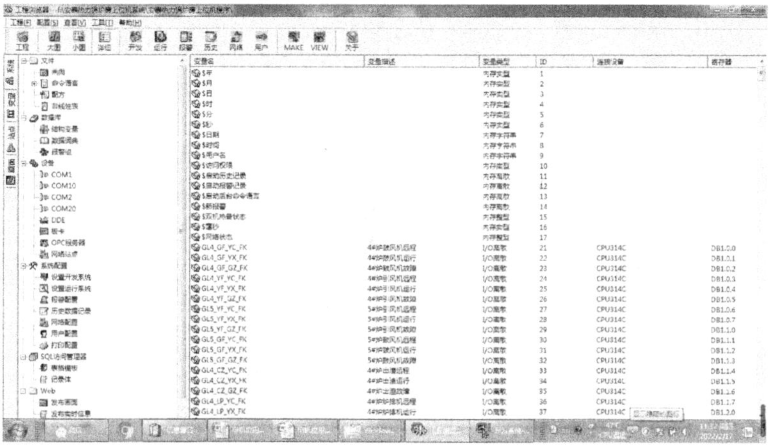

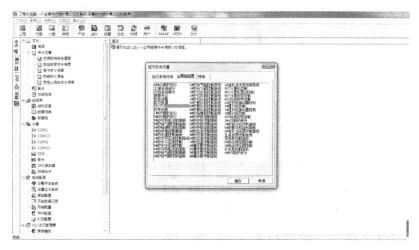

图 7-8　数据词典界面

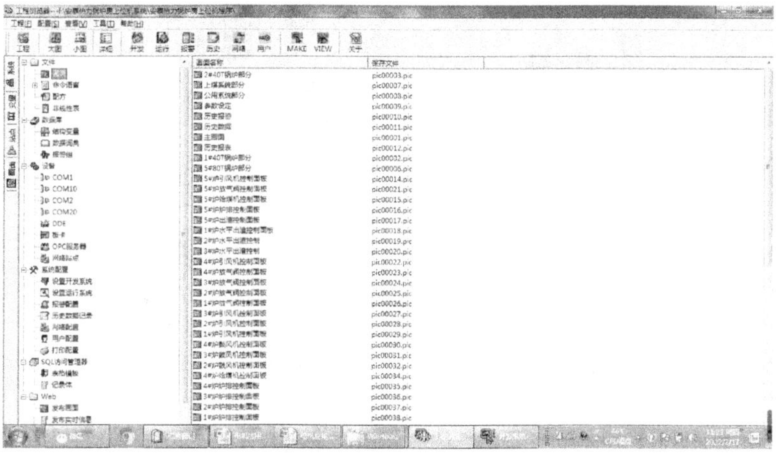

图 7-9　画面定义

图 7-10　主画面配置

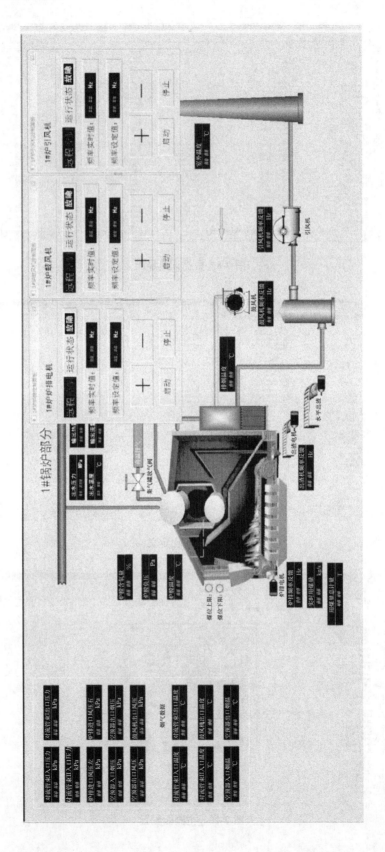

图 7-11 1 #锅炉部分画面

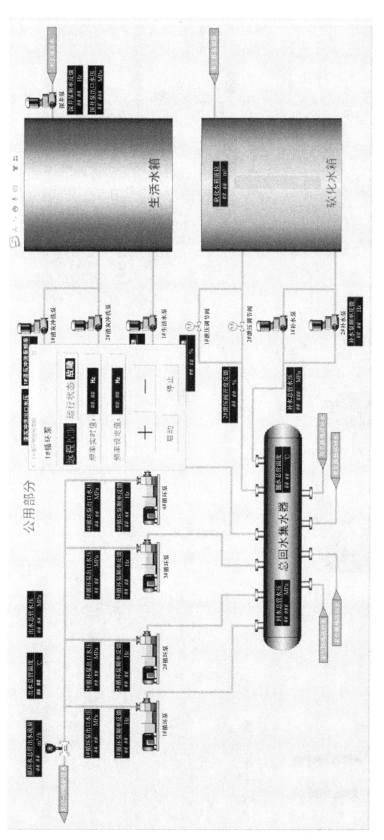

图 7-12　公用部分画面

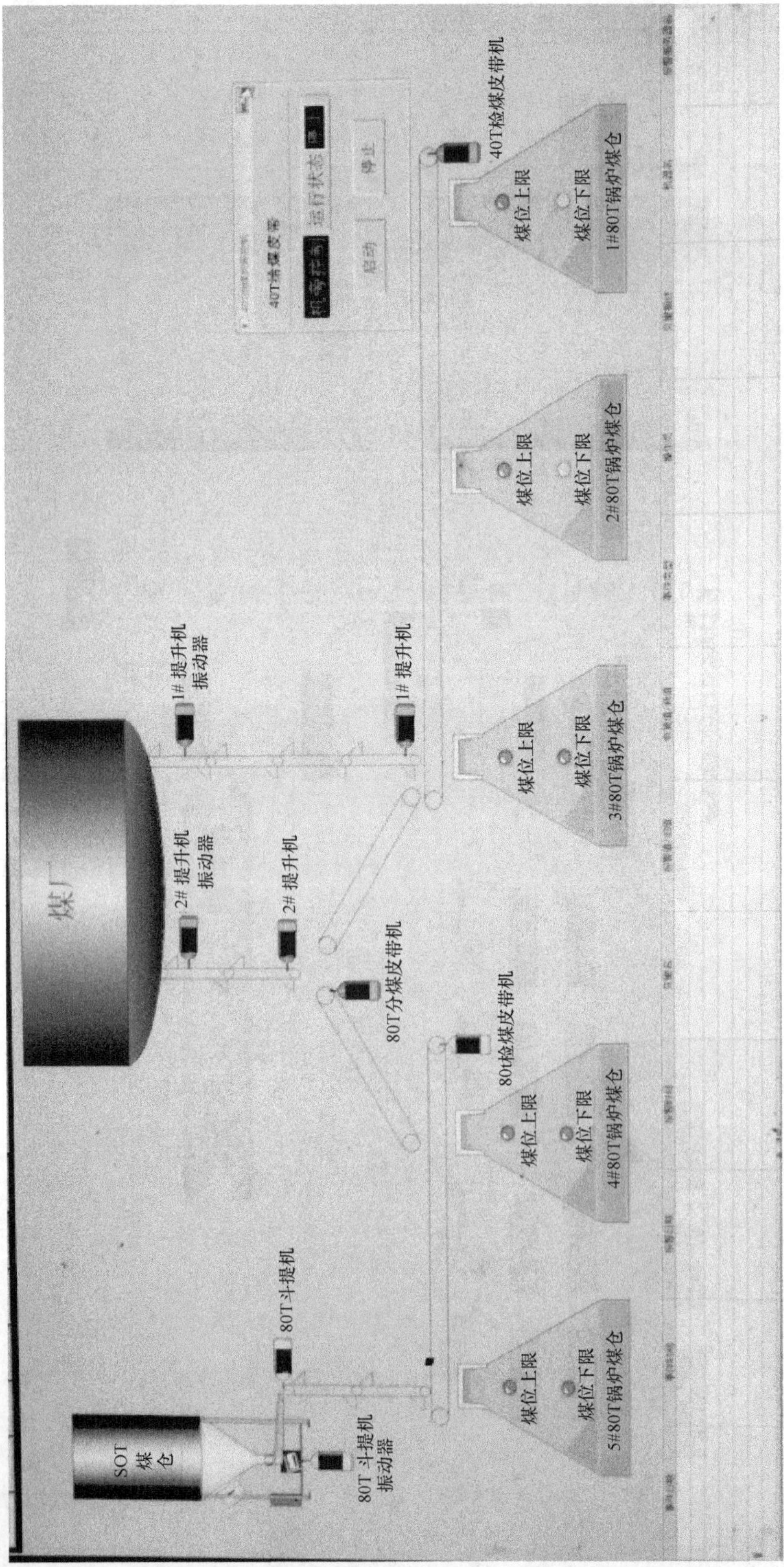
煤厂
SOT
煤
仓
80T 斗提机
振动器
80T斗提机
1# 提升机
振动器
1# 提升机
2# 提升机
振动器
2# 提升机
80T分煤皮带机
80t检煤皮带机
40T检煤皮带机
运行状态
启动
停止
煤位上限
煤位下限
1#80T锅炉煤仓
煤位上限
煤位下限
2#80T锅炉煤仓
煤位上限
煤位下限
3#80T锅炉煤仓
煤位上限
煤位下限
4#80T锅炉煤仓
煤位上限
煤位下限
5#80T锅炉煤仓

图 7-13　上煤运行界面

7.5　调试

制作完成成套电气柜和 PLC 柜、操作箱和仪表箱，编写完成 PLC 程序后，需要下载 PLC 程序，在生产车间可以对柜体进行初步调试，然后运送到工程现场，完成现场接线，进行现场调试。现场调试包括手动功能调试、自动功能调试、设备联合调试。对照 PLC 程序和上位机界面，逐个设备、逐条程序、逐个功能进行调试，调试在整个 PLC 控制项目中占用时间较长。

PLC 设备安装就绪、电缆接线完毕后，进行通电前检查，通电前检查和通电检查工作可以在车间和现场分别进行一次。

7.5.1　通电前检查

确认 PLC 处于"停止"工作模式，检查各电气元件的安装位置是否正确，用万用表检查按钮、开关等输入装置，电机、变频器、电动阀和电磁阀等输出装置接线是否正确。检查电源，确保回路没有短路，确保强弱电没有混合到一起。如果 PLC 电源为 24V，一旦因为接线错误导致 220V 接进 PLC 里，很容易将 PLC 或者扩展模块烧毁。如果发现在施工过程中有接线错误的地方需要及时纠正。

安装接线和拆线在断开电源的情况下操作，避免接入电压等级错误，交直流选择错误，触点接触不良，螺栓未紧固，落入柜内小工具或螺丝钉等其他导电杂物，电机发潮，绝缘不良等问题。

7.5.2　通电检查

检查电源是否连接到主电源开关，总电源指示灯显示是否正常，PLC 模块指示灯显示是否正常，电源正常后，连接通信，设置站点地址等参数，检查 I/O 点，下载 PLC 程序，下载上位机程序，逐一单体调试，用短接线依次检查数字量输入点状态变化时，输出点指示灯或继电器状态变化是否满足功能要求。

7.5.3　现场设备手动功能调试

（1）解除程序的系统联锁，解除程序自动逻辑状态；

（2）就地启动停止信号调试检查；

（3）上位机启动停止信号调试检查；

（4）数字量信号（运行、故障和急停等）调试检查；

（5）模拟量信号（传感器、变频器频率电流、电流变送器等）调试检查。

在连接设备后，看电机、阀门等是否动作，转向是否正确。不正确给予纠正。检查传感器等模拟量 PLC 输入点数据是否能够采集，采集显示的数据是否正确，变频器面板给定信号后，频率显示是否正确，电机能否正常运行，方向是否正确。

7.5.4 现场设备自动功能调试

在设置手自动和远程就地的控制中，看上位机就地和远程显示是否正确，可否远程启动。在设置自动运行的环节，试验自动运行是否稳定，并进行参数调整。

7.5.5 设备联合调试

联合调试是单体调试后的进一步工艺调试。联合调试过程应遵从工艺，统一调度，多点观察进行调试。如工艺指标达不到、操作不合理，则必须根据工艺要求调整控制参数、逻辑联锁和上位画面等，直至验收通过。

全部调试完毕后，交付试运行。经过一段时间行，如果工作正常、程序不需要修改，应将程序固化到 EPROM 中，以防程序丢失。此外，做好 PLC 程序和上位机画面备份，做好上位机系统备份。

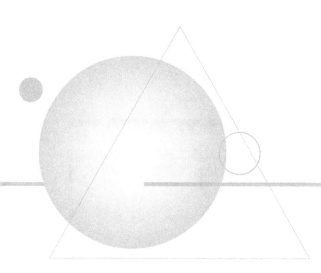

第**8**章
仿真教学系统

在热力车间系统自控的生产实践与运行项目中，涉及上煤电机、引风电机、鼓风电机、循环泵、炉排电机、电动阀等电机拖动与变频控制，以及温度、压力和流量等模拟量自动采集与控制，涉及电气控制与 PLC 技术、自动控制技术、上位机组态技术、网络技术等，这些控制理论与技术与机电等专业学生的学习课程关联度较高。本章根据热力车间节能减排自控运行要求和项目组人员对热力车间现场调研情况，将其中涉及的典型电机控制、阀门控制、模拟量控制等形成模拟教学仿真软件系统。以虚拟仿真的形式将热力车间系统控制中的理论知识与实践技能结合，服务教学，使学生远离现场，减少安全隐患，避免环境污染，巩固理论知识与实践技能，增强学生对热力车间自控系统的直观认识，减少硬件投入，提升相关专业课程的教学效果，丰富教学内容。

以热力公司锅炉变频与自控系统为载体，统计并确定控制中的 DI、DO、AI、AO 点数，在"组态王"中定义 I/O 设备，定义相关数据库变量。设计电气基本控制和工艺仿真教学图形界面，连接变量，图 8-1 为数据词典中的部分变量截图。主要界面包括：

开始画面；

登录画面；

主画面；

电气设备元件画面；

基本电气控制电路仿真画面；

水循环系统画面；

锅炉本体画面；

脱硫画面；

报警参数设定画面。

部分上位机画面如图 8-2~图 8-12 所示。系统启动后，首先进入开始画面。通过密码登录，进入主画面，然后通过最上面的菜单栏操作，选择画面。

图 8-1   数据词典中的部分变量截图

图 8-2   开始画面

图 8-3 登录画面

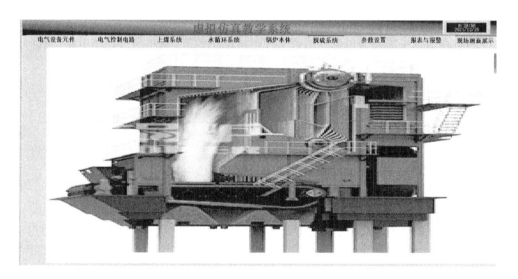

图 8-4 主画面

图 8-5 电气设备元件画面 1

图 8-6 电气设备元件画面 2

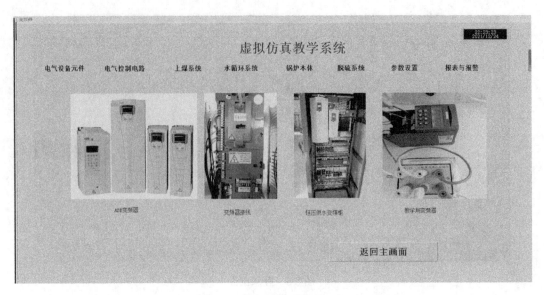

图 8-7　电气设备元件画面 3

　　控制电路仿真中需要通过命令语言实现电机动态效果,基本电气控制电路仿真画面部分命令语言如下：

```
if(FLAGXING==1||FLAGSANJIAO==1)
{DJXZ_A=DJXZ_A+10;
if(DJXZ_A>90)DJXZ_A=0;}

if((XSJ_DL_KZF==1)&&(XSJ_QDX_KZF||FLAGZ==1)&&(XSJ_QDSJ_KZF||FLAGF==0))

{FLAGZFFX=1;
DJXZ_AZF=DJXZ_AZF+10;
if(DJXZ_AZF>90)DJXZ_AZF=0;
}

if((XSJ_DL_KZF==1)&&(XSJ_QDSJ_KZF||FLAGF==1)&&(XSJ_QDX_KZF||FLAGZ==0))
{FLAGZFFX=0;
DJXZ_AZF=DJXZ_AZF-10;
if(DJXZ_AZF<=0)DJXZ_AZF=90;}

if(XSJ_DL_KCDONG==1&&(XSB1A_CDONG||XSB1B_CDONG==1))
{DJXZ_A2=DJXZ_A2+10;

if(DJXZ_A2>90)DJXZ_A2=0;
}
```

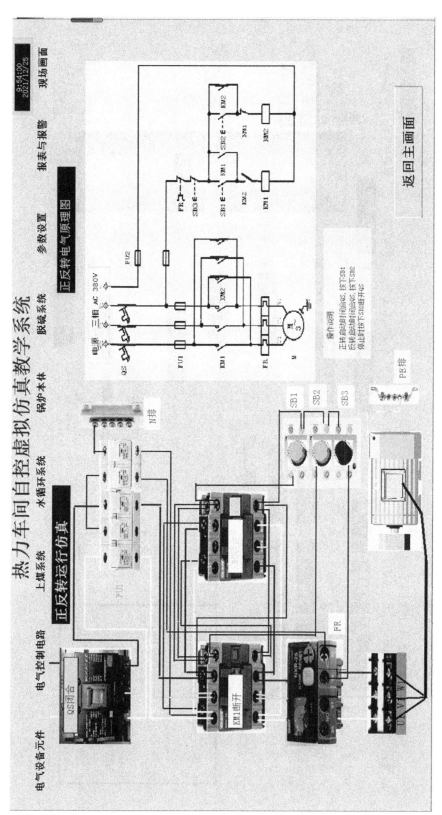

图 8-8 基本电气控制电路仿真画面

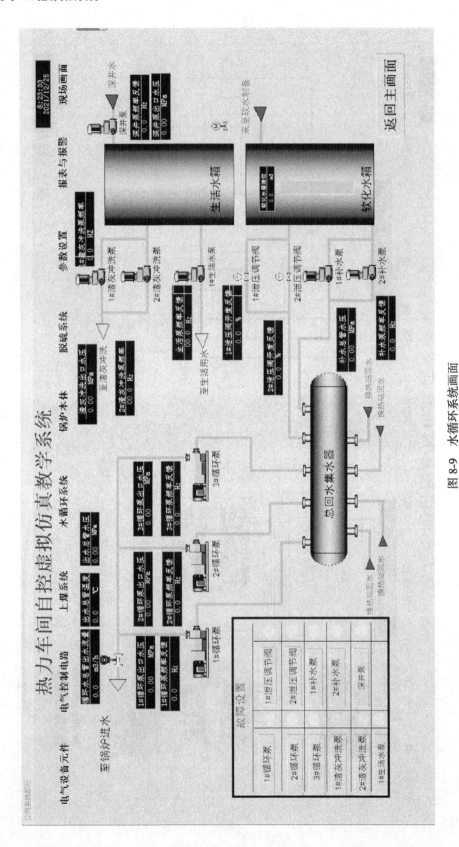

图 8-9　水循环系统画面

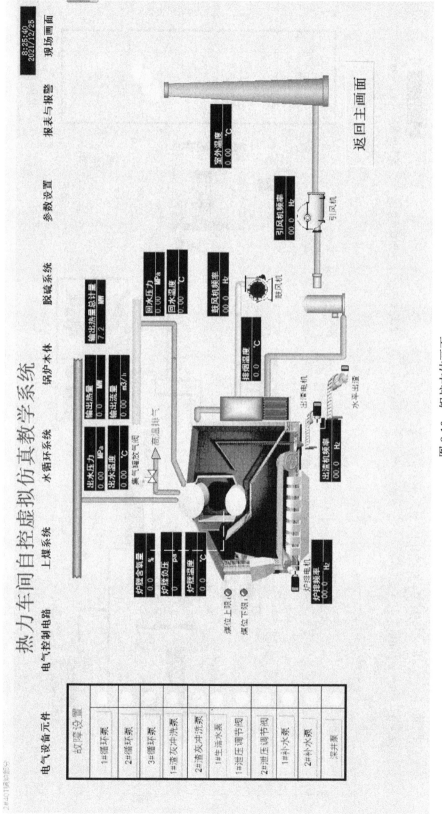

图 8-10　锅炉本体画面

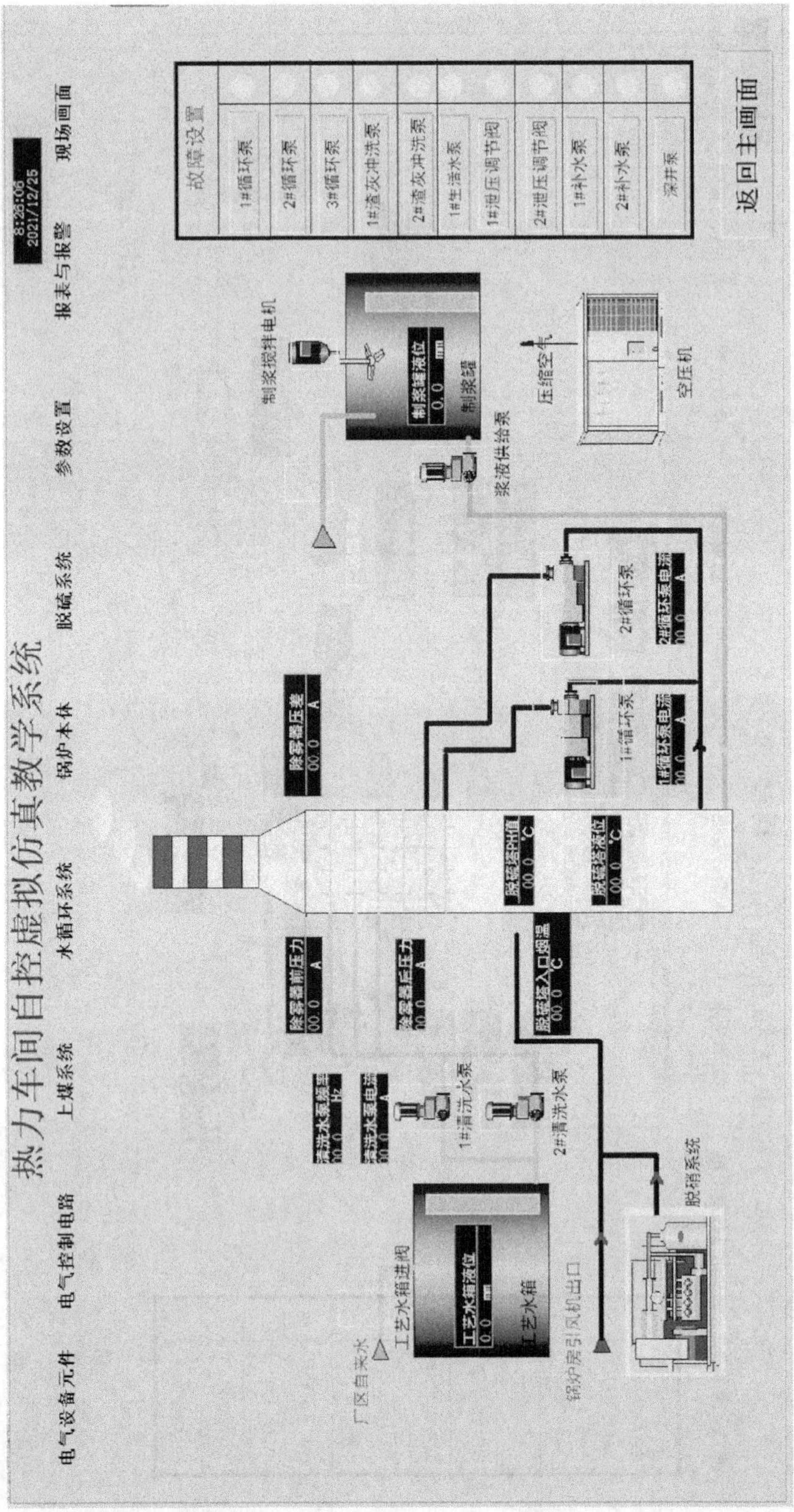
热力车间自控虚拟仿真教学系统
8:26:06
2021/12/25
电气设备元件
电气控制电路
上煤系统
水循环系统
锅炉本体
脱硫系统
参数设置
报表与报警
现场画面
故障设置
1#循环泵
2#循环泵
3#循环泵
1#渣灰冲洗泵
2#渣灰冲洗泵
1#生活水泵
1#泄压调节阀
2#泄压调节阀
1#补水泵
2#补水泵
深井泵
返回主画面
制浆搅拌电机
制浆罐液位
制浆罐
浆液供给泵
压缩空气
空压机
除雾器压差
除雾器前压力
除雾器后压力
脱硫塔入口烟温
脱硫塔PH值
脱硫塔液位
1#循环泵
2#循环泵
1#循环泵电流
2#循环泵电流
清洗水泵频率
清洗水泵电流
1#清洗水泵
2#清洗水泵
工艺水箱进阀
工艺水箱液位
工艺水箱
厂区自来水
锅炉房引风机出口
脱硝系统

图 8-11　脱硫画面图

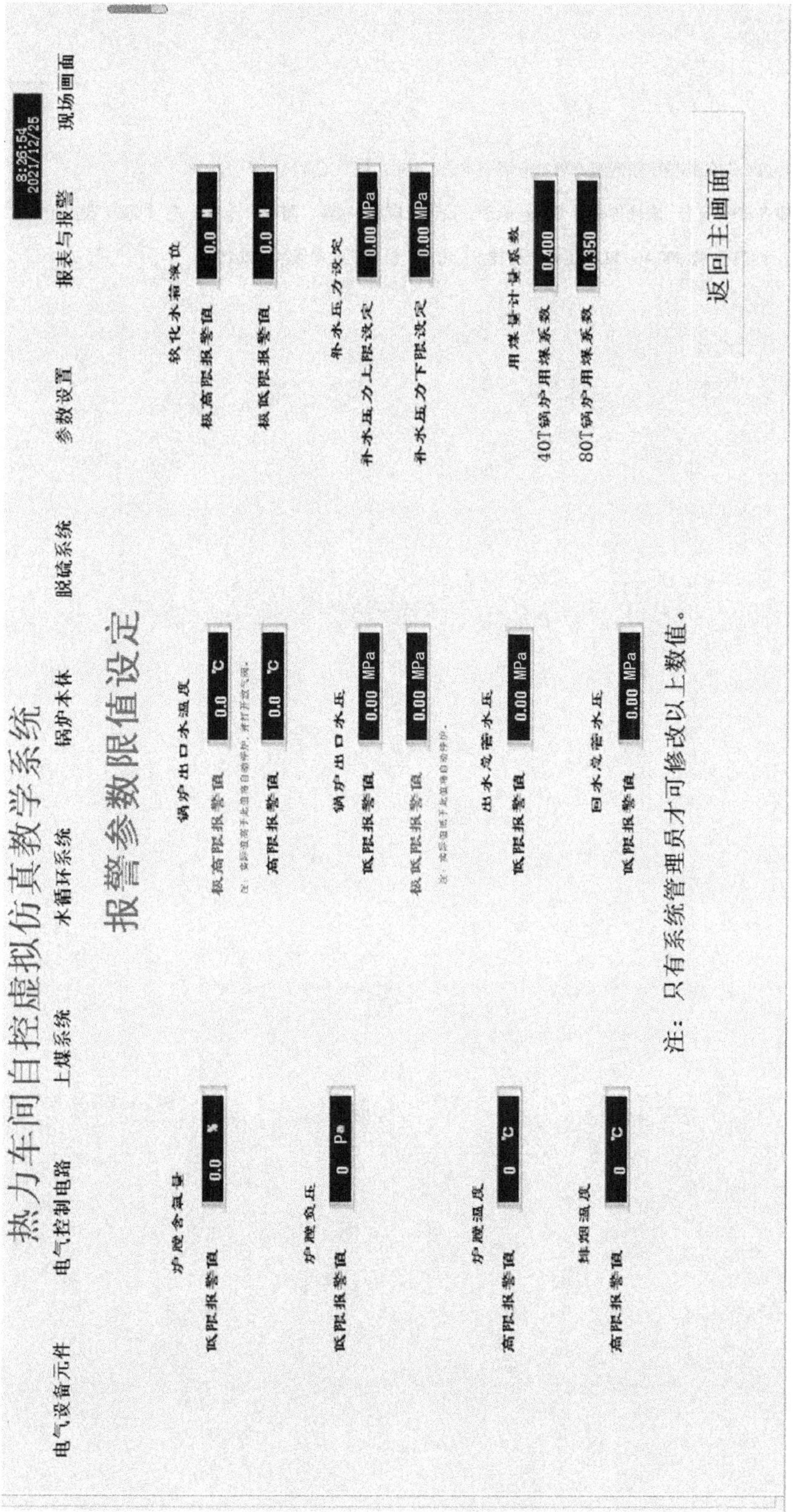

图 8-12　报警参数设定画面

参考文献

［1］ 韩相争. PLC 与触摸屏变频器组态软件应用一本通. 北京：化学工业出版社，2018.

［2］ ［美］雅各布·弗雷登. 现代传感器手册：原理、设计及应用. 宋萍，隋丽，译. 北京：机械工业出版社，2019.

［3］ 姜建芳. 西门子 S7-300/400 PLC 工程应用技术. 北京：机械工业出版社，2015.